Caroline Starke

Pocketdummy

Nasen-Action für Hunde

Kynos

Konrad-Zuse-Straße 3, D-54552 Nerdlen / Daun
Telefon: 06592 957389-0
Kontakt: info@kynos-verlag.de
www.kynos-verlag.de

Grafik & Layout: Kynos Verlag

Gedruckt in Lettland

1. Auflage 2026
ISBN 978-3-95464-354-7

Bildnachweis: alle Bilder Caroline Starke außer: Titelbild, S. 8, 14–15, 28, 31, 35, 37–40, 44–45, 47, 50–52, 54–57, 68, 70–72, 74–75, 78–79, 82, 87, 89–90, 97, 99–101, 104, 106, 108 CalisPictures Melanie Mauro
Alle Grafiken von Nicole Hilgers mit Firefly

Inhaltsverzeichnis

Vorwort von Anja Fiedler 6

Herzlich willkommen 7

Kapitel 1 – Basiswissen und Grundlagen 11

Pocketdummy-Suche – für wen sie geeignet ist 12

Die Pocketdummy-Suche als Freizeitbeschäftigung 13

Das Anzeigeverhalten beim Pocketdummy 14

Der Apport des Pocketdummys 15

Aufbewahrung und Einsatzorte 15

Grundausstattung 20

Apport oder Anzeige? 24

Wissenswertes zum Anzeigeverhalten 28

Wissenswertes zum Suchen 30

Bevor es losgeht – Grundlagen 32

KAPITEL 2 – Zielverhalten Apport 53

Apportieren des Pocketdummys 54

Erstes Suchen des Pocketdummys (APPortierer) 64

KAPITEL 3 – Zielverhalten Anzeige 69

Anzeige des Pocketdummys 70

Erstes Suchen des Pocketdummys – Anzeiger 75

Entwicklung eines festen Startrituals für die Pocketdummy-Suche 78

KAPITEL 4 – Beschäftigungsmöglichkeiten mit dem Pocketdummy 83

Outdoor-Versteckideen 84
Indoor-Versteckmöglichkeiten 88
Suche als Belohnung 89
Suche nach mehreren Pocketdummys (Apportierer) 94
Pocketdummy-Schleppfährte 95
Rückspursuche 98
Pocketdummy-Suche mit Duftstoffen 102
Suche unter Ablenkung 104
Fliegender Pocketdummy 105

KAPITEL 5 – Was noch hilfreich ist 109

Umgang mit „Fehlern“ 110
Was mache ich, wenn ...? 110
Schlusswort 113
Über die Autorin 114
Danke 115

Für Maya und Shanti,
die so viel Spaß mit den kleinen Dummys haben
und damit die Idee zu diesem Buch lieferten.

Vorwort von Anja Fiedler

In diesem Buch hat Caroline Starke ein Potpourri der guten Laune geschnürt – sie verlässt die prüfungsgerechten Dummypfade, stellt die Talente und Neigungen des Hundeindividuums in den Mittelpunkt und nutzt den Pocketdummy als echten Tausendsassa für alle Sinne und Gelegenheiten. So wird aus gut gemeinter Beschäftigung auch gut gemacht, denn Beschäftigung sollte in erster Linie den hündischen Alltag bereichern und Entsagung in der oft so reizvollen Hundewelt ausgleichen.

Es sind gerade jagdlich motivierte Vierbeiner, die von ihren Bezugspersonen in Feld, Wald und Flur bewegt werden, wo ihnen die Welt ein Reizfeuerwerk für alle Sinne feilbietet, das Bedürfnisse schafft und die Puzzleteile der Beutefangsequenz aktiviert. SEEKING und Dopamin schaffen freudige Erwartungen und bewegen den Hund im Suchen, Finden und manchmal auch im Bekommen durch die reizvollen Untiefen. Dort, wo das Hundegehirn Belohnungen erwartet, werden ihm diese aus der Menschenwelt oftmals verwehrt. Was aber passiert im Hundegehirn, wenn Bedürfnisse auf der Strecke bleiben? Es gerät in Frust, und genau dort sollte gut gemachte Beschäftigung ansetzen. Hündische Bedürfnisse wollten aufgespürt und Entbehrungen aufgedeckt werden.

Mit diesen Informationen im Beschäftigungsgepäck geht es entlang vom Suchen, Finden und Bekommen ans Austüfteln bereichernder Ideen rund um den Pocketdummy: Indoor oder outdoor kann er gesucht und gefunden werden, in natürlichen Suchengebieten oder künstlich angelegten Suchfeldern. Klein und abgegrenzt kann die Suche sein oder groß und weit. Bevorzugt der Hund die hohe oder tiefe Nase in der Suche oder setzt dabei gar seine Augen gerne ein? Oder frönt er gern, ob mit Augen oder Nase, dem Verfolgen? Auch für diese Vorliebe ist gesorgt. Das Bekommen als Verhalten an der Ressource ist so flexibel wie individuell, Apportieren kann, muss aber nicht. Vielleicht bezeugt der hündische Pocketdummy-Fan durch ein anderes Verhalten, dass er gefunden hat. Kurzum, alles ist möglich! Kein Sinn und kein Talent kommen zu kurz und der Kreativität beim Austüfteln immer neuer Varianten sind keine Grenzen gesetzt.

Caro ist den Dummies ebenso verfallen wie ich und hat dabei jederhund im Blick, ich wünsche ihr und den Hunden eine begeisterte und kreative Leser*innenschaft, die sich mit Feuereifer auf Talentsuche begibt und in die Pocketdummy-Arbeit stürzt.

Ihre Anja Fiedler

Herzlich willkommen

Schön, dass deine Wahl auf dieses Buch gefallen ist!
Ich bin Caroline Starke, Hundetrainerin. Mein Herz gehört neben der Verhaltensberatung vor allem der Spürhundearbeit und dem Dummytraining.
Wenn du auch nach einer unkomplizierten Beschäftigungsmöglichkeit für dich und deinen Hund suchst, bist du hier genau richtig. Dieses Buch soll allen Hunden mit ihren Menschen die Möglichkeit einer individuellen Beschäftigung bieten – jeweils auf eine anpassende Art und Weise!

Wie es zu dem Buch kam …

Vor einigen Jahren habe ich ebenfalls für zwei meiner Hunde eine unkomplizierte Freizeitbeschäftigung gesucht. Da beide Hunde doch recht unterschiedlich waren, ich das Dummytraining und die Sucharbeit allgemein schon immer geliebt und auch ausgeübt habe, entstand die Idee, den Einsatz der kleinen Pocketdummys zu erweitern, um die jeweiligen Bedürfnisse meiner Hunde besser aufgreifen zu können.
Somit begann ich, die Größen der Pocketdummys individuell zu nutzen und an meine Hunde anzupassen. Die kleinste Version der Pocketdummys nutzte ich für einen der Hunde als Suchgegenstand, welchen ich mir anzeigen ließ – wie in der Objektsuche. Die etwas größeren Pocketdummys, welche prima in die Hosentasche passten, nutzte ich für einen anderen Hund zum Apportieren. Beides ermöglichte eine abwechslungsreiche Beschäftigung bei unseren Spaziergängen, abgestimmt auf den jeweiligen Hund.
Hier entstand nach und nach die Idee für dieses Buch, um weiteren Hund-Mensch-Teams die Möglichkeit zu bieten, individueller an die Sucharbeit und das Dummytraining – als reine Freizeitbeschäftigung – heranzugehen. Das „Neue" ist, dass dein Hund den Dummy nicht zwingend apportieren muss, sondern nach dem Auffinden den Pocketdummy auch anzeigen kann.
In diesem Buch findest du den Aufbau beider Möglichkeiten ausführlich erklärt und kannst individuell schauen, was für dich und deinen Hund am besten passt.

Aufbau des Buches

Dieses Buch ist in fünf Hauptkapitel untergliedert. Ein allgemeines, erstes Kapitel mit Basiswissen und Grundlagen, die im Alltag, aber auch später bei der Suche, wichtig sind.
Im zweiten Kapitel findest du den Aufbau der Verhaltenskette Apport, Übungen zum Apportieren und den Übergang zu ersten Suchaufgaben.
Das dritte Kapitel behandelt den Aufbau eines Anzeigeverhaltens und ich zeige dir, wie du erste Suchen gestalten kannst.
Das vierte Kapitel widmet sich weiteren Beschäftigungsmöglichkeiten mit dem Pocketdummy und deren Aufbau – sowohl indoor als auch outdoor.
In Kapitel fünf findest du weitere hilfreiche Tipps fürs Training, wenn's mal nicht so klappt.

Auch der Umgang mit „Fehlern" und Lösungsmöglichkeiten, wenn etwas nicht klappt, kommt nicht zu kurz und findet sich am Ende des Buches.

Ich wünsche dir viel Spaß und Freude beim Lesen und Ausprobieren und hoffe, dass du bei deinen Spaziergängen bald auch immer einen Pocketdummy in der Tasche hast.

Deine
Caroline Starke

Pocketdummy : Wegweiser durchs Buch

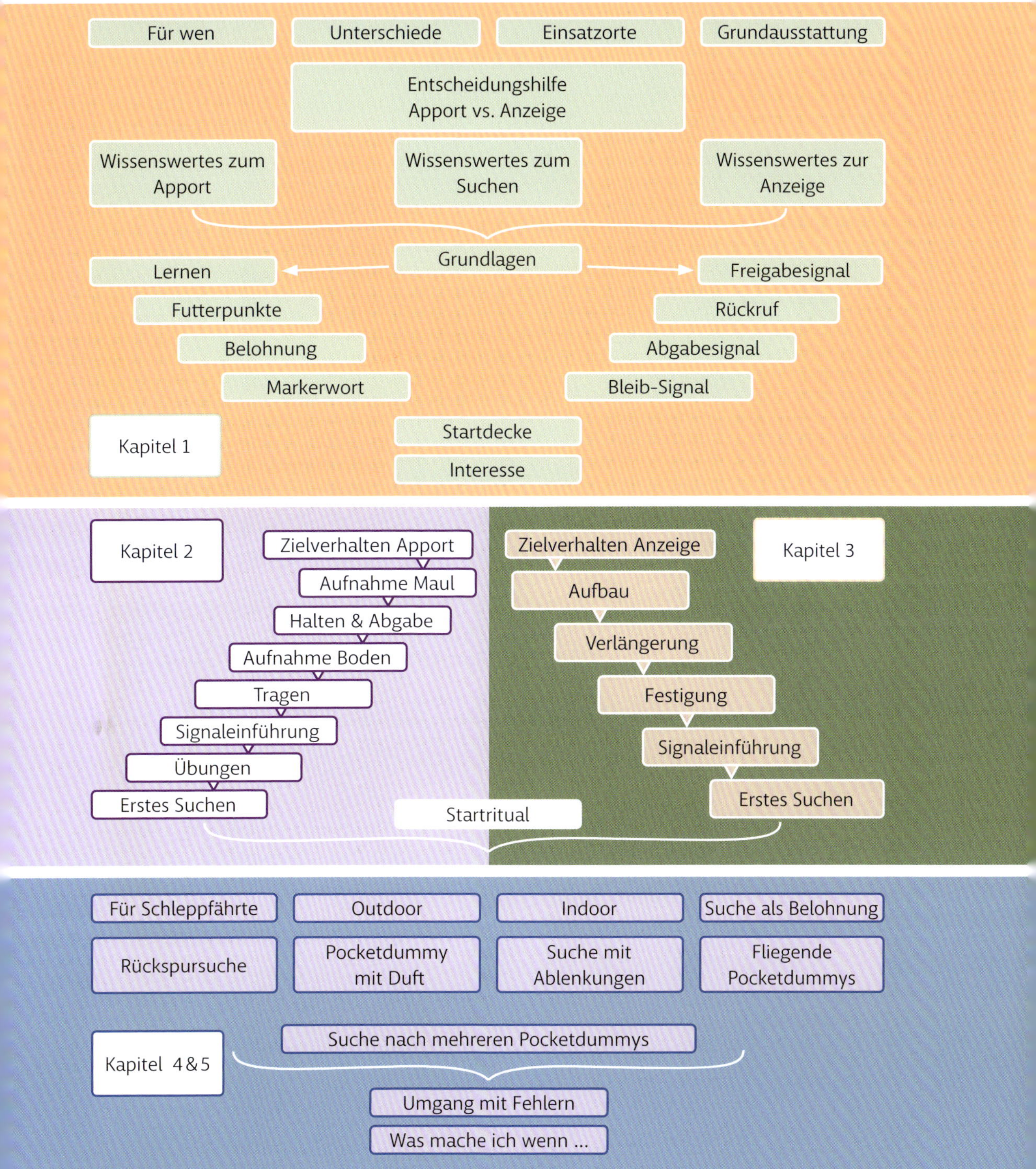

KAPITEL 1
Basiswissen und Grundlagen

Pocketdummy-Suche – für wen sie geeignet ist

Die Arbeit mit Pocketdummys ist für Hunde, die gerne ihre Nase einsetzen und Suchaufgaben lieben, eine tolle Beschäftigungsmöglichkeit. Hierbei muss dein Hund keiner bestimmten Rasse angehören, ein bestimmtes Alter oder eine bestimmte Größe haben. Pocketdummys sind grundsätzlich für alle Hund-Mensch-Teams geeignet, die Spaß an einer gemeinsamen Beschäftigung haben, welche schnell und ohne allzu langen Aufbau und strenge Regeln genutzt werden kann.
Dabei muss dein Hund den Dummy nicht zwingend apportieren, denn es gibt auch die Möglichkeit, dass er den Pocketdummy nur anzeigt, ähnlich wie in der Objektsuche.
Wichtig ist der Spaß an einer gemeinsamen Beschäftigung, dann steht der Pocketdummy-Suche nichts mehr im Wege und du hast eine tolle Möglichkeit, deinen Hund geistig und körperlich auszulasten. Ob indoor oder outdoor, mit kleinen oder größeren Suchaufgaben, ist für (fast) jedes Hund-Mensch-Team tolle Ideen dabei.
Zudem findest du in diesem Buch Übungen, welche auch ganz nebenbei einen Alltagsnutzen und Erziehungswert haben.

Wie zum Beispiel

- das Festigen des Signals Bleib
- das Ausgeben von Gegenständen
- oder auch den Rückruf

Die Pocketdummy-Suche als Freizeitbeschäftigung

Bei der Pocketdummy-Suche handelt es sich um eine Hobbybeschäftigung. Die Kriterien und Regeln sind weniger starr als im regulären Sportbereich, und der Spaß sowie die Möglichkeit, deinem Hund auf seine Bedürfnisse ausgerichtete Beschäftigung zu bieten, stehen hier im Vordergrund.
Trotzdem findest du einen korrekten und schrittweisen Aufbau, sowohl vom Apportieren als auch vom Anzeigeverhalten. Solltest du also vielleicht später in diesen Bereichen mehr vorhaben, bietet dir die Pocketdummy-Suche somit eine gute Grundlage und steht dem nicht im Wege.
Du findest zudem im Buch, sollte mal eine Übung ein bisschen anders gestaltet sein als im regelkonformen Dummytraining, einen kurzen Verweis dazu. Wichtig ist hierbei vor allem zu erwähnen, dass dein Hund bei der Pocketdummy-Suche lernt, seinen eigenen Dummy zu suchen! Möchtest du später zu richtigem Dummytraining wechseln, solltest du hierbei schon im Aufbau achten, dass dein Hund lernt, auch fremde Dummys zu suchen und zu apportieren!

Hier die wichtigsten Unterschiede zum Dummysport zusammengefasst:

- Zum Apportieren werden nur kleinere Dummys (85 – 150 g) genutzt
- Für sehr kleine Hunde kann man Mini-Dummys mit ca. 20 g nutzen
- Die schwereren „Standard"-Dummys (500 g) werden nicht genutzt
- Neben der Möglichkeit zu apportieren, können die Dummys auch nur angezeigt werden
- Für die Anzeige werden die kleinen Mini-Dummys / Suchdummys benutzt
- Der Umfang der Trainingsutensilien ist geringer, da die Pocketdummys in jede Tasche passen und nur ein Dummy benötigt wird
- Pocketdummy-Suche kann auch indoor stattfinden
- Der Hund soll seinen eigenen Dummy finden, beim regulären Dummysport soll dein Hund auch fremde Dummys suchen und apportieren

Das Anzeigeverhalten beim Pocketdummy

Dein Hund lernt, den Dummy durch Berühren mit der Nase anzuzeigen. Er sollte die Berührung mit der Nase deutlich zeigen, muss dieses Verhalten aber nicht dauerhaft ausführen, bis du es wieder auflöst, sondern seine Nase lediglich drei Sekunden lang an den Pocketdummy halten. Nach dieser Berührung sollte der Hund am Fundort bleiben, um dir zu zeigen, wo genau sich der Pocketdummy befindet. Sollte er sich von sich aus hinsetzen oder legen, ist dies absolut in Ordnung. Er kann seine Position frei wählen. Zudem ist es nach dem Aufspüren erwünscht, dass dein Hund den Blickkontakt mit dir aufnimmt und dir signalisiert, dass er den Dummy gefunden hat. Auf ein langes starres Anzeigeverhalten in einer bestimmten Position wird hier bewusst kein Wert gelegt.

Der Hund berührt den Dummy mit der Nase in beliebiger Position und bleibt daran stehen, wählt aber nach dem Berühren die für ihn passende Position - hier ein Sitz - und nimmt dann Blickkontakt mit seiner Bezugsperson auf, um ihr zu signalisieren, dass seine Suche erfolgreich war.

Der Apport des Pocketdummys

Der Apport beinhaltet die Aufnahme, das Tragen und die Abgabe des Pocketdummys in die Hand. Ziel soll es sein, dass dein Hund den Pocketdummy nach dem Auffinden aufnimmt und ihn dir so bringt, dass eine Abgabe in deine Hand erfolgt. Der Fokus liegt dabei im sicheren Zurückbringen und in der Abgabe in die Hand.
Achte aber darauf, dass dein Hund lernt, den Dummy so aufzunehmen, dass er möglichst viel davon mit dem Maul umfasst und ihn nicht nur am Bändchen oder nur an einer Ecke greift.

Aufbewahrung und Einsatzorte

Ein Pocketdummy lässt sich unkompliziert verstauen. Aufgrund seiner Kleinheit passt er gut in die Futter- oder Kleidungstasche und du kannst unterwegs ihn so gut wie überall und ohne viel Aufwand verstecken. Möglichkeiten finden sich auf deiner Gassi-Runde fast überall.
Auf den folgenden Seiten findest du ein paar Anregungen zu Versteckmöglichkeiten auf einer kleinen oder großen Fläche. In diesem Buch wird von Bezugspunkten (kleinflächig) und Suchfeldern (großflächiger) gesprochen. Sowohl Bezugspunkte als auch Suchfelder kannst du indoor genauso wie outdoor finden.

Beim Apport sind sicheres Zurückbringen und Abgabe in die Hand gefragt.

Ein Pocketdummy passt gut in jede Tasche.

Einsatzorte

Bezugspunkte

Bezugspunkte sind Stellen, an denen sich dein Hund orientieren kann. Sie heben sich als klar abgegrenzter Bereich deutlich von der Umgebung ab und geben deinem Hund, besonders am Anfang, die Information, in welchem Bereich er den Pocketdummy suchen soll.
Am Anfang solltest du deutliche Bezugspunkte wählen, die sich gut vom Hintergrund abheben. Hier kannst du den Dummy auslegen oder festklemmen und dann später verstecken. Wichtig ist, dass um diesen Bezugspunkt herum in nächster Nähe keine weiteren ähnlichen Gegenstände liegen oder stehen. Dies könnte zu Missverständnissen bezüglich des Suchbereichs führen und dein Hund könnte anfangen, zu groß in der Suche zu werden.

Suchfelder

Suchfelder sind definierte Areale, die größer als einzelne Bezugspunkte sind und die dein Hund systematisch absuchen kann. Sie bestehen aus mehreren Objekten, die sich optisch vom Hintergrund abgrenzen. Dies können zum Beispiel mehrere zusammengelegte Gegenstände oder auch ein größerer Holzstapel sein. Je fortgeschrittener der Hund ist, umso größer und weniger abgegrenzt kann der Bereich gewählt werden.

Oben: Bezugspunkt Bank.
Unten: Suchfeld Holzstapel.

Indoor und Outdoor – Möglichkeiten

Hier ein paar Anregungen für mögliche Bezugspunkte und Suchfelder:

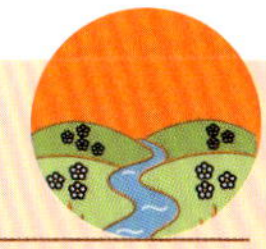

Wiese / Garten:

Bezugspunkte:

- Holzstümpfe
- Busch oder Baum
- Bank
- Brunnen...

Suchfelder:

- Niedriger Bewuchs
- Hoher Bewuchs
- Freie Wiesenfläche
- Holzstapel
- In und um Gartenhütten
- Zwischen Steinplatten

Wald:

Bezugspunkte:

- Holzstämme
- Hochsitze
- Wurzeln

Suchfelder:

- Laubflächen

Park:

Bezugspunkte:

- Bänke
- Brunnen
- Denkmäler...

Suchfelder:

- Wiesenflächen
- Steinmauern

Haus und Hof: (Bezugspunkte & Suchfelder)

- In verschiedenen Räumen
- Zwischen und auf Möbeln
- In Bücherregalen / zwischen Büchern
- Unter oder zwischen Haushaltsgegenständen
- Ums Auto herum

Beispiele für Bezugspunkte und Suchfelder

Grundausstattung

Um loszulegen, benötigst du:
- Pocketdummy(s) in geeigneten Größen
- Startdecke (optional)
- Gute und passende Belohnungen
- Verstauungsmöglichkeiten

Als Erstes ist wichtig zu entscheiden, ob dein Hund den Pocketdummy anzeigen oder apportieren soll. Deshalb hier eine Entscheidungshilfe, welche der beiden Verhaltensweisen für euch infrage kommt und welcher Dummy damit für euch der geeignetste ist.

Die Auswahl des richtigen Pocketdummys

Pocketdummys sind kleine, meist schwimmfähige Dummys aus robustem Stoff – oft aus Canvas, manchmal auch aus Nylon, Leder oder beschichtetem Gewebe. In diesem Buch werden ausschließlich die aus Canvas genutzt, da dieses Material sehr robust, griffig, zahnfreundlich und gut waschbar ist. Gefüllt sind sie je nach Modell mit Schaumstoff, Textilresten oder auch, um sie schwerer zu machen, mit sandähnlichem Granulat. Es gibt sie in unterschiedlichen Größen, Gewichten und Farben. Auch findet man sie mit Fell und Wurfgriff.
Die Auswahl des geeigneten Dummys richtet sich als Erstes danach, ob dein Hund den Dummy anzeigen oder apportieren soll.

Wählst du den Apport, empfehle ich dir, bei mittelgroßen bis größeren Hunden die Pocketdummy-Variante mit einem Gewicht zwischen 85 und 150 g (je nach Größe des Hundes) zu wählen.
Bei sehr kleinen Hunden eignet sich fürs Apportieren die kleinste Dummy-Variante, die im Handel auch unter dem Namen „Mini Dummy Schlüsselanhänger“ geführt wird. Diese haben eine Länge von ca. 7 cm und ein Gewicht von ca. 13 g.

Rechts siehst du alle Pocketdummys im Überblick – angefangen vom 150 g-Pocketdummy ganz links bis zum 13 g leichten Schlüsselanhänger ganz rechts.

Für alle Hunde, die die kleinen Dummys anzeigen sollen, empfehle ich – egal wie groß der Hund ist – die 13 g schweren Mini-Dummy-Schlüsselanhänger oder den Dummy „Sniffle“, welcher mit 30 g etwas schwerer ist und eine Länge von ca. 10 cm hat.

Für den Anfang reicht es, wenn du dir einen Pocketdummy besorgst. Später kann man gezielt auch mehrere Pocketdummys in hohem Bewuchs suchen lassen, sodass man seinen Hund mehrmals hintereinander losschicken kann. Zudem kann man auch zur Abwechslung auf einen Pocketdummy mit Fell umsteigen.

Solltest du handwerklich begabt sein, kannst du dir deine Pocketdummys auch durchaus selbst nähen. Hier solltest besonders auf Zahnfreundlichkeit, Robustheit und ungiftige Materialien achten. Infrage kommen robuste Materialien wie Canvas, Cordura, mehrlagiger Jeansstoff oder Kunstleder.

Wichtig: *Bei den Schlüsselanhängern muss wegen der Verletzungsgefahr zwingend der Metallring entfernt werden, um sie in einen apportierfähigen Pocketdummy für kleine Hunde umzuwandeln.*

Die Startdecke

Bei der Pocketdummy-Suche kannst du eine kleine Startdecke nutzen. Sie ist Bestandteil deines Suchrituals. Auf ihr kannst du gezielt das Warten unter Ablenkung aufbauen und dann später bei der Suche einsetzen, während du den Pocketdummy versteckst. Dies empfiehlt sich besonders dann, wenn das deinem Hund noch schwerfällt.

Die „Startdecke" bietet deinem Hund einen optischen Anhaltspunkt und stimmt ihn auf die folgende Aufgabe ein. Er kann so leichter verstehen, dass gleich mit einer Suche begonnen wird, er aber dazu noch kurz an Ort und Stelle bleiben soll.

Dein Hund soll nah an der Decke oder Matte platziert werden und dort warten. Er muss die Decke, im Gegensatz zu einem Bodentarget, nicht berühren. Sie dient lediglich zur Orientierung.

Hier eignen sich neben einer normalen Decke besonders gut kleine abwaschbare Matten oder runde, flache Markierungsteller aus dem Sportbereich. Durch die abwaschbare Oberfläche können sie draußen gut benutzt werden.

Ob du eine Startdecke nutzen möchtest oder nicht, ist optional und hängt natürlich auch ein bisschen davon ab, wie sicher dein Hund, auch unter Ablenkungen, warten kann. Ihr Einsatz ist besonders dann zu empfehlen, wenn dein Hund noch jung und schnell abgelenkt ist oder wenn du generell noch an einem sicheren Warten arbeiten möchtest. Je kleiner du deine „Startdecke" wählst, umso besser kannst du sie auch unterwegs nutzen.

Eine Startdecke bietet deinem Hund einen optischen Anhaltspunkt, an dem er beim Auslegen / Verstecken warten kann.

Weitere Utensilien

Futter und Spielzeug

Damit du deinen Hund für erwünschtes Verhalten belohnen kannst, brauchen wir passende Verstärker (Belohnungen).
Natürlich ist das Suchen für einige Hundetypen per se schon eine tolle, bedürfnisaufgreifende Belohnung. Trotzdem solltest du schauen, was für deinen Hund das geeignete Motivationsmittel ist, um seine Leistung entsprechend zu honorieren, damit er dir auch weiterhin gerne den Dummy sucht, bringt, apportiert oder anzeigt.

Tipp:

Grundsätzlich solltest du bei Futterbelohnungen immer darauf achten, diese so zu wählen, dass sie eher klein, weich, feucht und somit gut zu schlucken sind. Trockene, große Kekse eignen sich eher weniger, da dein Hund einfach zu lange darauf herumkaut. Wenn dein Hund Futter als weniger belohnend empfindet, nutze stattdessen gerne ein beliebtes Spielzeug, um ihn zu belohnen.
Nutze für die Utensilien eine Futtertasche: Sie bietet ausreichend Platz, um Belohnungen, Startdecke und Pocketdummy zu verstauen und bei Bedarf herauszuholen.

Apport oder Anzeige?

Bevor du startest, solltest du dir überlegen, welches Zielverhalten dein Hund nach dem Finden des Pocketdummys zeigen soll.

Vorüberlegungen

Für Hunde, die wirklich gerne von Natur aus Sachen tragen und diese auch freudig zum Menschen zurückbringen, empfehle ich dir, beim Apportieren zu bleiben – es sei denn, du möchtest ganz gezielt und wie bei der Objektsuche ein Anzeigeverhalten erarbeiten. Dann solltest du hier aber wirklich nur mit den ganz kleinen Pocketdummys arbeiten, um den Unterschied deutlich zu machen und um Verwechslungen zu vermeiden.

Auch wenn dein Hund nicht zum Typ Hund gehört, der von sich aus Dinge begeistert herumträgt, was auch rasseabhängig sein kann, probiere es trotzdem gerne mit dem Apportieren. Vielleicht braucht es ein bisschen mehr Zeit und Geduld beim Aufbau, aber es lohnt sich durchaus.

Egal, wofür du dich entscheidest – wichtig bei der Auswahl ist immer, dass dein Hund Spaß an der gemeinsamen Beschäftigung mit dem Pocketdummy hat. Wenn dein Hund trotz aller Bemühungen nicht gerne apportiert oder auch aufgrund seiner Anatomie Probleme hat, Gegenstände aufzunehmen (bei kurzschnäuzigen Rassen manchmal der Fall), lohnt es sich durchaus, es mal mit einem Anzeigeverhalten zu probieren.

Auch Hunde, die gerne apportieren, können die Mini-Pocketdummys anzeigen lernen.

Kurzschnäuzige Hunde haben öfter Probleme, Dinge ins Maul zu nehmen. Hier lohnt es sich durchaus, ein Anzeigeverhalten aufzubauen.

Entscheidungshilfe

	Apportieren	*Anzeigen*
Hunde, die von Natur aus gerne Sachen tragen	✔	
Hunde, die gerne Dinge ins Maul nehmen	✔	
Hunde, die schon sicher andere Gegenstände apportieren können	✔	
Hunde, die schon die reguläre Dummyarbeit kennen und eine zusätzliche Beschäftigung mit einem Suchgegenstand suchen		✔
Bei Zahnproblemen oder Zahnfehlstellungen oder HWS-Problemen, die das Tragen und Halten erschweren		✔
Bei Rassen mit kurzen Nasen, Kurzköpfigkeit (Brachycephalie)		✔
Als Alternative für Hunde, bei denen das Ausgeben / das Zurückbringen des Dummys (noch) konfliktbeladen ist		✔
Wenn der Hundehalter grundsätzlich den Hund etwas suchen lassen möchte, aber eine Alternative zum Apport sucht		✔
Für Hunde, für die das Apportieren sehr aufregend ist		✔

Wissenswertes zum Apportieren

Apportieren ist mehr als nur das bloße Werfen und Bringen. Beim Apportieren findest du eine ganze Menge an verschiedenen Verhaltensweisen, welche du, jede für sich, einzeln trainieren solltest. Man bezeichnet diese Abfolge von Verhalten als die *Verhaltenskette Apport*.
Sie besteht aus:

1. Der Orientierung zum Pocketdummy

2. Dem direkten und zügigen Hinlaufen zum Pocketdummy auf ein Signal hin.

3. Dem Aufnehmen des Pocketdummys

4. Dem Zurückbringen zum Menschen

5. Der Abgabe in die Hand

Die Suche des Pocketdummys ist hier noch gar nicht mit einbezogen. Beim Aufbau des Apportierens starten wir ganz hinten – nämlich bei der Abgabe in die Hand, damit dein Hund am Ende weiß, was das Ziel ist! Dieser Rückwärtsaufbau wird in der Fachsprache „Backward Chaining" genannt. Eine genaue Anleitung zum Aufbau findest du im Abschnitt „Der Apport des Pocketdummys".

Um deinem Hund leichter verständlich zu machen, was wir von ihm möchten, üben wir nicht alle Schritte der Verhaltenskette Apport zusammen, sondern jeden Teilschritt einzeln, bevor die einzelnen Teile dann als Ganzes zusammengesetzt werden.

Die Übungen, um deinen Hund zu motivieren, etwas ins Maul zu nehmen, findest du im Abschnitt „Interesse am Pocketdummy wecken" auf S. 49. Diese Übungen dienen als Basis und sind sowohl mit Spielzeug als auch später mit dem Pocketdummy umsetzbar. Zudem findest du in diesem Buch verschiedene Übungen zum Apportieren. Hier kannst du individuell an der Aufnahme, dem Tragen und Bringen sowie der Abgabe des Pocketdummys arbeiten.

Tipp:

Wenn Apportieren noch komplett neu für dich und deinen Hund ist oder du deinen Hund erst einmal etwas motivieren musst, überhaupt Dinge ins Maul zu nehmen, benutze ruhig anfänglich andere Gegenstände, um erst einmal allgemein den Spaß am Aufnehmen und Tragen zu wecken.

Merke: *Lässt sich dein Hund so gar nicht fürs Aufnehmen und Tragen von Gegenständen begeistern, überdenke deine Auswahl. Vielleicht passt für euch die Variante, sich den Pocketdummy anzeigen zu lassen, besser.*

Wissenswertes zum Anzeigeverhalten

Mit dem Anzeigeverhalten teilt dir dein Hund mit, dass er seinen Pocketdummy gefunden hat. Man unterscheidet dabei zwischen einem passiven und einem aktiven Anzeigeverhalten.

Anzeigeverhalten Nase dicht am Zielobjekt bzw. Zielgeruch.

Die aktive Anzeige

Bei der aktiven Anzeige bellt der Hund, kratzt mit der Pfote oder gräbt beispielsweise. Diese Art der Anzeige ist eher nachteilig und wird deshalb oft nicht gerne verwendet. Im Hobbybereich ist es vielleicht nicht so schlimm wie bei der Drogen- oder Sprengstoffsuche, wenn dein Hund mit der Pfote zu kratzen beginnt. Trotzdem hat es auch hier eher Nachteile. Er kann zum Beispiel Möbel beschädigen, wenn du deinen Pocketdummy in einem Regal versteckt hast, oder schlimmstenfalls auch mit der Pfote hängenbleiben. Draußen wäre es ebenfalls nicht optimal, da der Pocketdummy schnell im Laub oder zwischen Holzstämmen verschwindet, wenn dein Hund zu kratzen beginnt.

Die passive Anzeige

Bei einem passiven Anzeigeverhalten gibt es verschiedene Möglichkeiten, welche Körperhaltung der Hund einnimmt. Oft wird hier das Einnehmen einer bestimmten Position trainiert. Er kann sitzen, stehen oder liegen, in dieser Position einfrieren und das Suchobjekt anstarren oder auch mit der Nase berühren.

Merke: *Jedes Anzeigeverhalten bietet Vor- und Nachteile und sollte so gewählt werden, dass es für den jeweiligen Einsatzzweck sinnvoll ist.*

Welches Anzeigeverhalten beim Pocketdummy?

Bei der Pocketdummy-Suche wird ein passives Anzeigeverhalten genutzt. Wie oben ausgeführt hat diese ruhigere Art der Anzeige einfach Vorteile.

Dein Hund darf seine Körperposition beim Finden frei wählen, er kann also je nach Versteck und Gefühlslage entscheiden, ob er sitzt, steht oder liegen möchte.

In der frei gewählten Position soll er den Pocketdummy kurz (ca. drei Sekunden lang) mit der Nase berühren und dann an der Stelle des Fundortes bleiben, ohne sie wieder zu verlassen.

Wenn dein Hund bei der Fundstelle stehen bleibt, sich hinsetzt oder legt und seinen Kopf nach dem kurzen Berühren des Pocketdummys mit der Nase zu dir dreht, um dir zu signalisieren, dass er gefunden hat, ist dies absolut erwünscht.

Auch Hunde, die körperliche Einschränkungen oder Unsicherheiten mitbringen, werden so nicht in eine feste Position „gedrängt“, die sie als unbequem oder unpassend empfinden.

Merke: *Die Entscheidungsfreiheit zu wählen, welche Position gerade behagt, hat viele Vorteile. Im Wald und bei Wind und Wetter würde sich so mancher Hund nicht gerne hinlegen oder setzen.*

Der Hund berührt den gefundenen Dummy mit der Nase in einer beliebigen Position.

Mit seinem Blick teilt der Hund dir mit, dass er den Pocketdummy gefunden hat und bleibt dabei vor Ort stehen.

Ein Sitz oder Platz wäre hier auf dem Baumstamm kein sinnvolles Anzeigeverhalten.

Wissenswertes zum Suchen

Das Suchverhalten des Hundes gliedert sich in mehrere Phasen. Auf ein Startsignal wird der Hund in die Suche geschickt, dabei zeigt er ein sehr feines, systematisches Suchverhalten. Er nimmt den Wind auf und sucht aktiv nach dem Geruch des Pocketdummys, bis er diesen wahrnimmt und identifiziert. Dann grenzt er das Suchgebiet nach Stärke des wahrzunehmenden Geruchs ein, um dann den Pocketdummy zu finden. Im Anschluss an den Fund erfolgt die Anzeige oder der Apport.

Wenn dein Hund gelernt hat, dass der Pocketdummy von Bedeutung ist und eine Belohnung ankündigt, wird er ihn ganz von alleine suchen – dies müssen wir ihm nicht extra beibringen!

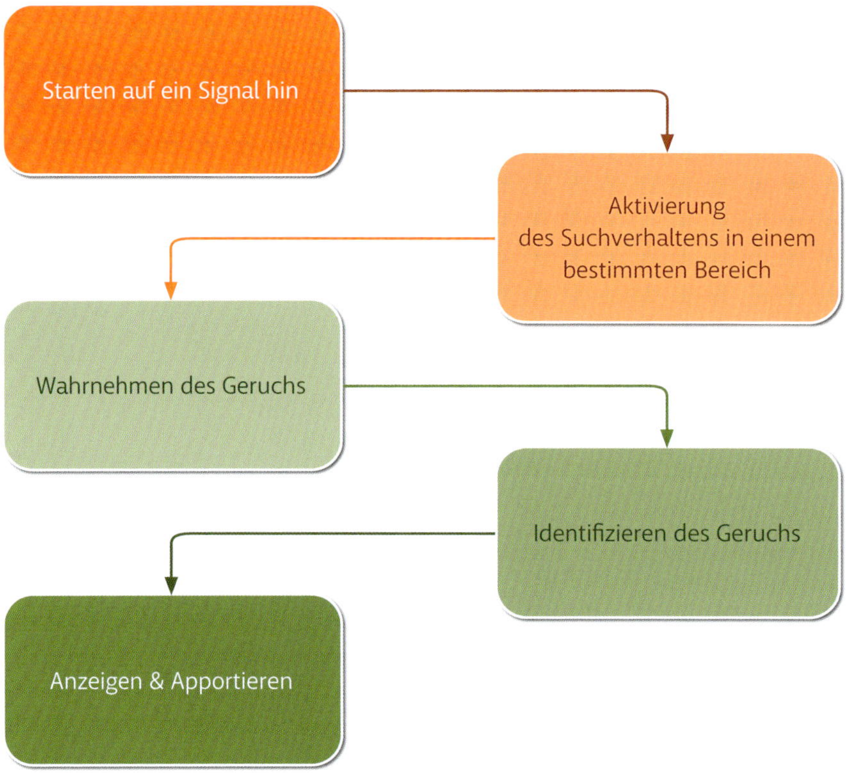

Wir brauchen, um die Suche zu integrieren, bestimmte Verhaltensweisen am Pocketdummy, damit dein Hund dir zeigen kann, dass er gefunden hat. Es ist deswegen notwendig, ein besonderes Augenmerk auf den Apport und die Anzeige zu legen. Kapitel 2 und 3 des Buches widmen sich deshalb ausführlich der Anzeige und dem Apportieren. Andere ebenfalls wichtige Grundlagen, die dein Hund kennen sollte, schauen wir uns nun auf den Folgeseiten an.

Bevor es losgeht – Grundlagen

Bevor du loslegst, gibt es ein paar wichtige Verhaltensweisen zu trainieren und Dinge zu beachten, um das sichere Apportieren und Anzeigen sowie die Suche des Pocketdummys erfolgreich aufzubauen:

1. Schaffen einer guten Lernumgebung
2. Der Einsatz von richtigen Belohnungen
3. Pausengestaltung
4. Die richtige Wahl des Futterpunktes
5. Ein sicheres Bleib in einer beliebigen Position
6. Ein Freigabesignal
7. Ein Rückrufsignal
8. Ein Ausgabesignal

Optional lohnt sich auch der Aufbau und die Verwendung eines Lobwortes, welches zuverlässig verschiedene Belohnungen ankündigt (Markerwort) sowie das Nutzen einer Startdecke (s.S. 22).

> **Merke:** *Auch wenn du diese Tools schon aufgebaut hast und im Alltag benutzt – es lohnt sich, diese weiterhin zu festigen und in verschiedenen Situationen anzuwenden, damit sie stabil und verlässlich unter Ablenkungen bleiben!*

- **Die Lernumgebung:** Eine gute Lernumgebung bietet die Grundlage für ein effektives, stressfreies und nachhaltiges Lernen.
- **Belohnungen:** Der Einsatz und das Wissen um die richtigen Belohnungen für den jeweiligen Hund ist einer der zentralen Bausteine, denn eine Belohnung ist nur dann wirksam, wenn sie für deinen Hund auch wertvoll erscheint. Die passende Belohnung erhöht somit die Wahrscheinlichkeit, dass ein Verhalten wieder gezeigt wird.
- **Pausengestaltung:** Pausen sind wichtig, um Gelerntes zu verarbeiten. Ob aktiv oder passiv – sie sollten immer individuell gestaltet werden.
- **Die Wahl des richtigen Futterpunktes:** *Wo* du die Belohnung gibst, beeinflusst das Verhalten, welches du tatsächlich verstärkst. Der Futterpunkt lenkt den Fokus, beeinflusst die Körperhaltung und auch die Bewegung. Fütterst du am falschen Punkt, verstärkst du oft ungewolltes Verhalten.
- **Das Signal „Bleib":** Ein sicheres „Bleib" ist besonders wichtig, wenn du den Pocketdummy versteckst und ermöglicht einen kontrollierten Start. Zudem verhindert ein sicheres „Bleib" Stress und Frust, etwa weil dein Hund zu früh losläuft.
- **Das Freigabesignal:** Es sagt dem Hund eindeutig, dass er sich jetzt bewegen darf und verhindert selbstständiges Loslaufen zum Suchgegenstand, solange noch kein weiteres Signal aufgebaut wurde.
- **Das Rückrufsignal:** Dies ist eines der wichtigsten Alltagssignale und signalisiert deinem Hund, nach dem Apport mit dem Pocketdummy auch zurückzukommen.

- **Das Ausgabesignal:** Es signalisiert unserem Hund: Jetzt ist der richtige Moment, den Pocketdummy auszugeben. Damit ermöglichen wir eine kontrollierte Abgabe anstatt einfachen Fallenlassens.
- **Optional: Startdecke:** Sie kann gerade am Anfang das Bleiben erleichtern, deinen Hund besser auf die Aufgabe einstimmen und unterstützt bei der Distanzarbeit.
- **Lob / Markerwörter:** Sie bieten dir den Vorteil, deinem Hund klarer und schneller verständlich zu machen, welches Verhalten du gut findest. Besonders am Anfang ist dies beim Apportieren eine große Hilfe.

Im Folgenden wird der Aufbau der einzelnen Tools erklärt. Zudem findest du dazu jeweils ein paar Übungsideen, die du mit deinem Hund unabhängig vom Pocketdummy aufbauen, üben und trainieren kannst.

Die Lernumgebung

Sie bildet die Grundvoraussetzung für ein effektives, stressfreies und nachhaltiges Lernen.

Deshalb sollte man bei allen Dingen, die der Hund neu lernen soll, darauf einen besonderen Fokus haben.

Achte beim Aufbau neuer Übungen auf folgende Punkte:

1. Trainiere zu Anfang unter möglichst *geringer Ablenkung*.
2. Damit sich dein Hund konzentrieren kann, denke immer daran, dass er sehr viele Reize wie Gerüche, Geräusche und Bewegungen gleichzeitig wahrnimmt. Sind diese zu viel und zu stark, kann dein Hund sich nicht mehr auf dich und die Aufgabe konzentrieren.
3. Achte darauf, dass dein Hund sich sicher und wohl fühlt, und schaffe eine gute und *stressfreie Atmosphäre*.
4. Schaffe *Struktur*, benutze klare Signale, feste Abläufe und räumliche Orientierungshilfen (z. B. Startdecke).
5. Übe gezielt und kontrolliert in passender Umgebung. Achte dabei auf einen *kleinschrittigen Aufbau* und füge Ablenkungen nach und nach ein.
6. Suche im Training eine Umgebung, in der auch du dich wohlfühlst!

Was bedeutet dies für die Pocketdummy-Suche? Wie du vielleicht aus den oben genannten Punkten herauslesen kannst, ist es wenig sinnvoll, das Apportieren und Anzeigen oder die Suche unter starken Ablenkungen wie zum Beispiel in einem wildreichen Wald, in stark frequentierten Parks oder anderen stark überreizten Umgebungen neu aufzubauen. Überlege dir besser vorher, welche Umgebung für deinen Hund gute Lernvoraussetzungen bietet. Dies ist auch individuell verschieden, da nicht jeder Hund gleich stark auf die verschiedenen Reize reagiert.

Es lohnt sich aber generell, die Übungen erst einmal ablenkungsarm daheim zu trainieren, um sie dann schrittweise auch draußen zu erarbeiten.

Pausengestaltung

Neben deiner aktiven Arbeit mit deinem Hund und dem Pocketdummy gibt es eine sehr wichtige Sache, die immer dazwischen stattfinden sollte: die Pausen. Hunde lernen nämlich nicht nur, wenn sie aktiv etwas tun, sondern auch und gerade dann, wenn sie kurz abschalten dürfen. Pausen verhindern die Überforderung deines Hundes, machen den Kopf frei und sorgen dafür, dass das Training Spaß macht. Ganz wichtig ist hierbei die individuelle Dosierung. In schwierigen Umgebungen (belebt, wildreich ...) braucht dein Hund vielleicht mehr Pausen als daheim im Garten.

Wichtig ist, dass du rechtzeitig merkst, wann dein Hund unkonzentriert wird, langsamer reagiert, sich festschaut oder auch Verhaltensweisen wie zum Beispiel verstärktes Schnüffeln im Gras bei den Übungen zeigt. Hier ist es dann spätestens Zeit für eine Auszeit.

Bei der Pausengestaltung gibt es mehrere Möglichkeiten. Man kann zwischen aktiven und passiven Pausen unterscheiden. Wichtig ist hierbei, dass du diese so gestaltest, dass dein Hund sie nicht strafend – also dem Ausbleiben einer Belohnung – verknüpft. Sie sollte ihn niemals frustrieren.

Passive Pause

Passive Pausen dienen zum Runterfahren. Sie sind echte Ruhezeiten, in denen keine Signale abgefragt werden, keine Aufgaben gestellt werden und nicht belohnt wird. Dein Hund hat die Möglichkeit, ganz in seine Welt abzutauchen – ohne Interaktion und Aufmerksamkeitsteilung mit dem Menschen – und in dieser Zeit ein bisschen zu sortieren, was vorher passiert ist.

Hier gibt es folgende Möglichkeiten:
- auf der Decke liegen
- im Auto entspannen
- ruhiges Rasten in der Natur, ohne etwas tun zu müssen
- sich mit einer Kaubeschäftigung befassen
- ruhiges Kontaktliegen bei dir

Sich einfach mal mit dem Hund gemeinsam entspannt auf die Wiese setzen und die Natur genießen – auch für den Menschen eine schöne Möglichkeit, um abzuschalten.

Aktive Pause

Manchmal braucht dein Hund vielleicht eher nur ein bisschen Auszeit vom „Denken". Hier eignen sich Pausen mit „Mini-Aktivitäten". Man könnte quasi sagen: Abschalten durch Bewegung! Aktive Pausen sind wie kleine Ventile, die den Stresspegel senken.

Dies könnte zum Beispiel sein:
- entspannt ein Stück laufen
- am Wegrand schnüffeln gehen
- ein paar Kekse im Gras suchen
- sanftes Kraulen

> ***Merke:*** *Ohne Pausen gibt es kein gutes Training!*

Den Hund entspannt am Wegrand die Gerüche wahrnehmen lassen ist ein gutes Beispiel für eine aktive Pause.

Pausen – Tag(e)

Gerade wenn du regelmäßig mit den Pocketdummys trainierst, schalte immer mal wieder trainingsfreie Tage ein. Hier gibt es keine Aufgaben, kein „kurz mal üben" – lasse deinen Hund einfach mal Hund sein. Ideal sind solche trainingsfreien Pausen nach intensiven Trainingsphasen oder neuen Lernschritten. Hier ist Zeit, dass sich das Gelernte setzen kann.

Baue immer wieder mal Tage ein, an denen dein Hund einfach nur Hund sein darf.

Exit – Target

Ein Exit-Target ist ein klar definierter Ort, den dein Hund selbstständig aufsuchen kann, um selbstbestimmt eine Pause einzulegen. Er dient als „Notausgang" für deinen Hund. Gerne wird hier ein Schnüffelteppich, in den beim Aufsuchen ein paar Kekse gefüllt werden, eine bestimmte Übung, die dein Hund gerne macht, eine Pausendecke oder auch ein Spielzeug, mit dem sich dein Hund beschäftigen kann, genutzt – alles Dinge, die positiv für deinen Hund verknüpft sind. An diesem findet ebenfalls Verstärkung in Form von Leckerchen, Entspannung oder Sicherheit statt. Das Aufsuchen ist nicht von Nachteil für deinen Hund. Es bietet dir aber folgenden Vorteil:

- dein Hund kann sich aktiv aus einer Situation zurückziehen
- Stresssenkung durch selbstbestimmte Pausen
- Die Überforderung deines Hundes lässt sich früh abfangen
- Besseres Erkennen, wann dein Hund eine Pause braucht

Er dient somit zur Selbstregulation deines Hundes.

Wichtig hierbei ist:

- Verknüpfe den Exit-Target mit etwas Angenehmem
- Am Exit-Target findet kein Training oder Druck statt
- Bestätige ruhig am Exit-Target
- Nutze diesen als echte Pause

Kurz gesagt: Der Exit Target verhindert das Arbeiten deines Hundes nicht, sondern macht es erst möglich, weil er ein super Regulationswerkzeug ist. Dadurch, dass dein Hund lernt, dass er jederzeit in eine Pause wechseln kann, bleibt er belastbarer, motivierter und kooperativer und somit viel motivierter!
Hier findest du einen kurzen Aufbau, wie du einen Schnüffelteppich als Exit-Target nutzen kannst:

- Verknüpfe den Schnüffelteppich mit guten Belohnungen – streue also immer ein paar Kekse hinein und lass diese vom Hund erschnüffeln

Ein Schnüffelteppich eignet sich gut als Exit-Target.

- Sobald dein Hund zum Schnüffelteppich geht, streue ein paar Kekse hinein.
- Integriere nun den Exit-Target in dein Trainingssetting für Pocketdummys – es liegt also ab jetzt immer am Trainingsort frei zugänglich für den Hund
- Nutze das Exit-Target auch gezielt am Anfang und Ende einer Trainingseinheit als Pausenbeschäftigung.
- Sobald dein Hund während einer Trainingseinheit zum Exit-Target geht, gibt es dort verlässlich ein paar Kekse zum Erschnüffeln.
- Starte erst wieder neu, wenn dein Hund sich wieder vom Teppich abwendet
- Wählt dein Hund in der Trainingssession den Teppich, anstelle den Pocketdummy zu suchen, ist das für dich ein Hinweis, dass er gerade eine Pause braucht oder er vielleicht auch mit dem aktuellen Trainingsschritt überfordert ist.

Belohnungen

Das Motivationsmittel – also unsere Belohnung – sollte immer individuell ausgesucht werden. Hierbei solltest du immer auf die jeweiligen Bedürfnisse deines Hundes schauen und seine Belohnung dementsprechend anpassen.

Warum belohnen?

1. Wenn die Belohnung für deinen Hund keine Bedeutung hat, wird sie auch kein Verhalten verstärken. Dein Hund entscheidet, was er als „Belohnung" empfindet, nicht du!
2. Hunde lernen durch Verknüpfung. Wählst du passende Belohnungen, erfolgt Lernen schneller.
3. Durch die Wahl der individuellen, für deinen Hund passenden Belohnung zeigst du ihm, dass du ihn und seine Bedürfnisse verstehst.
4. Achte auf die Abwechslung. Die richtige Mischung macht es und hält deinen Hund motiviert und aufmerksam.
5. Je schwieriger die Übung, desto hochwertiger sollten auch deine Belohnungen ausfallen.

Wie oben geschildert, solltest du individuell passende Belohnungen wählen. Überlege dir also schon einmal, was dein Hund vielleicht besonders gerne mag. Wann und was du einsetzen kannst und worauf du bei der Auswahl achten solltest, findest du im Folgenden erklärt:

Futter als Belohnung

Bei der Gabe von Futter sollte grundsätzlich bei einigen Übungen darauf geachtet werden, dass keine zu trockenen, schwer zu schluckenden Kekse genutzt werden. Dies könnte Probleme bereiten, deinen Hund in einer gewissen Position richtig zu belohnen. Zudem sollte auch die Wertigkeit beim Futter stimmen.

Spielzeug als Belohnung

Nicht so futteraffine Hunde empfinden ein tolles Zerrspiel mit dem Lieblingsspielzeug als sehr belohnend.

Achte bei Spielzeugbelohnungen immer darauf, dass diese erst sichtbar werden, wenn dein Hund dir den Pocketdummy bereits in die Hand gegeben hat, damit er diesen nicht schon vorher fallen lässt. Möchtest du bei der Anzeige verstärken, dass dein Hund am Fundort stehen bleibt, empfiehlt es sich, das Spielzeug zum Fundort zu werfen. Hier eignen sich kleine Bälle oder auch mit Futter gefüllte Spielzeuge sehr gut.

Wähle die Belohnung individuell für deinen Hund aus. Leicht feuchte Futterbelohnungen sind trockenen Keksen vorzuziehen. Neben der Wahl verschiedener Futtersorten gibt es auch unterschiedliche Vorlieben bei den Spielzeugen.

Merke: *Nur wer individuell belohnt, trainiert seinen Hund fair und wirksam!*

Futterpunkte

Der Futterpunkt beschreibt den Ort, an dem die Belohnung gegeben wird:

- aus der Hand zum Hund gereicht, sodass er seine Position nicht verlassen muss
- am Gegenstand, den der Hund ins Maul genommen hat
- auf den Boden geworfen
- hinter den Hund geworfen
- vor den Hund gelegt
- in Bewegung gegeben …

Belohnst du ihn beim Signal „Sitz" überwiegend noch im Sitzen, wird dein Hund zukünftig beständiger die Position halten, da er dort seine Belohnung erwartet. In Trainerkreisen wird dazu oft der bekannte Trainer Bob Bailey zitiert: *„Click for Action, Feed for Position"*

Bei der Anzeige

Besonders beim Aufbau eines Anzeigeverhaltens ist der Ort der Belohnung sehr wichtig:

- Möchtest du bei der Anzeige des Pocketdummys das Verhalten „Nase am Pocketdummy" verstärken, füttere zu Beginn nah am Pocketdummy. So wird dein Hund seine Nase dort immer länger lassen, da er dort die Belohnung erwartet.
- Fütterst du immer weit weg vom Pocketdummy, wird das Verhalten, länger am Dummy zu bleiben, nicht verstärkt.
- Später kannst du gezielt den Ort der Belohnung, je nach Aufgabe, variieren.

Oben: Futterpunkt im Sitzen
Unten: Futterpunkt „Nase am Dummy"

Merke: *Der richtige Futterpunkt entscheidet, was dein Hund lernt.*

Beim Apportieren

Auch beim Apportieren wirkt sich der Futterpunkt auf die Aufnahme, das Tragen, Halten und Ausgeben aus:

- Belohnst du nach der Aufnahme des Pocketdummys am Boden, führt dies schnell zum Fallenlassen. Belohne immer möglichst nah bei dir.
- Durch gezielte Belohnungen hinter dir kannst du das freudige Bringen beeinflussen.
- Ruhiges Halten sollte durch eine ruhige Futtergabe genau vor dir verstärkt werden.
- Unsichere Hunde kann man in Rückwärtsbewegung belohnen, um freudiges Zurückkommen zu motivieren.

Merke: *Belohne immer dort, wo das gewünschte Verhalten endet, nicht dort, wo das Unerwünschte beginnt.*

Das Signal „Bleib"

Das Signal „Bleib" ist auch im Pocketdummy-Training ein wichtiges Signal. Nur so kannst du später den Pocketdummy verstecken, während dein Hund in etwas Entfernung wartet.

Ziel soll es sein, dass dein Hund auf einer bestimmten Stelle in einer bestimmten Position sitzen, stehen oder liegen bleibt, bis er ein Freigabesignal oder ein neues Signal bekommt.

Unterstützend kannst du in Bleib-Übungen eine Startdecke benutzen. Sie soll deinen Hund daran erinnern, an diesem Ort zu bleiben, während du dich entfernst.

Voraussetzung zum Aufbau des Wartesignals: Dein Hund sollte eine Position auf ein Wortsignal (Sitz, Platz, Steh) zuverlässig halten können.

Übe erst einmal direkt vor deinem Hund das Sitzenbleiben.

Nach und nach kannst du die Distanz dann erhöhen.

Tipp:

Denke immer daran, dass es innerhalb der Sucharbeit schnell zu Frust kommen kann, wenn du zu oft hintereinander von deinem Hund ein „Bleib" beim Verstecken abfragst. Verstecke daher den Dummy auch mal vorher oder binde deinen Hund kurz an, während du den Pocketdummy versteckst.

Merke: *Das Handsignal dient als Unterstützung – du kannst es später wieder abbauen!*

Aufbau

1. Dein Hund erhält ein Signal für eine bestimmte Position – wie zum Beispiel ein Sitz.
2. Nun ergänzen wir dieses Signal mit einem weiteren Wortsignal „Bleib" und einem Handzeichen (Handfläche hochhalten).
3. Bleibe dazu anfangs direkt vor deinem Hund stehen, halte die Hand weiterhin hoch und entferne dich noch nicht.
4. Nach 1–2 Sekunden gibst du deinen Hund durch dein Freigabesignal wieder frei.
5. Dehne nun die Zeitspanne aus (3 Sekunden – 5 Sekunden – 7 Sekunden ...)
6. Bleibe dazu immer noch vor deinem Hund stehen und unterstütze das Bleiben mit deinem Handsignal.
7. Erst wenn dein Hund 10 Sekunden sicher vor dir sitzen bleibt, baust du Distanz auf.
8. Dies beginnst du erst mit einem Ausfallschritt, um den Hund für das Halten seiner Position sofort zu belohnen.
9. Steigere die Entfernung nur schrittweise.
10. Klappt dies zuverlässig, kannst du Ablenkungen einfügen. Auch hier vereinfache die anderen Kriterien und passe Ablenkung und Distanz an.

Natürlich kannst du auch das Wortsignal „Bleib" weglassen und nach dem Motto arbeiten: „Wenn ich ‚Sitz' sage, soll der Hund sitzen bleiben, bis ich auflöse". Vielen Hunden hilft aber das zusätzliche Wort „Bleib" als mentale Bremse, besonders, wenn die Umgebung sehr ablenkungsreich ist.

Beachte bei deinen Bleib-Übungen folgende Regeln:

Je reizhöher die Umgebung, desto leichter die Kriterien.

- Dauer und Distanz werden ganz langsam gesteigert.
- Dauer und Distanz werden nicht gleichzeitig gesteigert.
- Belohnungspunkt möglichst oft beim Hund.
- Das Wortsignal wird nur einmal genannt.
- Das Signal „Bleib" wird immer durch das Freigabesignal oder ein Markersignal aufgehoben!
- Steht der Hund auf, wird er zum Ausgangspunkt zurückgebracht und die Übung mit reduzierter Schwierigkeit wiederholt.

Sollte dein Hund mit dem Bleiben noch Schwierigkeiten haben, baue es erst einmal ohne Ablenkungen und getrennt vom Suchen auf.
Möchtest du trotzdem schon mit der Pocketdummy-Suche beginnen, empfiehlt es sich, beim Auslegen des Dummys den Hund anzubinden oder eine Hilfsperson zu bitten, diesen festzuhalten. Dies verhindert Fehler und Frust auf beiden Seiten und du musst nicht ein „Bleib" abfragen, welches noch nicht robust gegen Ablenkung ist.

Achte darauf, dass du immer nur ein Kriterium auf einmal steigerst – entweder die Distanz oder die Zeit.
Belohne zu 80 % immer beim Hund und rufe ihn möglichst wenig aus der Bleib-Position ab.

Freigabesignal

Ein Freigabesignal ist ein bestimmtes Wort oder Handzeichen, das deinem Hund mitteilt: Die Übung ist beendet, du darfst loslaufen oder die Position wieder verlassen. Es dient also dazu, ein vorheriges Signal oder eine Handlung aufzulösen. Meist wird hier „OK", „Frei" oder auch „Lauf" benutzt. Ohne Freigabesignal wüsste der Hund nicht, wann die Übung fertig ist und würde einfach irgendwann gehen, was zu Unsicherheiten und Fehlern führen würde. Es ist somit ein wichtiges Trainingstool.

Das Freigabesignal kommt bei der Pocketdummy-Suche für einige Aufgaben und Übungen zum Einsatz, solange du noch kein spezielles Apport- und Suchsignal aufgebaut hast.

Aufbau

- Gib das Signal „Sitz" und belohne die Reaktion sofort.
- Löse nun die Sitzposition nach wenigen Augenblicken mit deinem Freigabesignal auf, bevor der Hund es von selbst tut.
- Um ihm verständlich zu machen, dass das Freigabesignal die vorherige Position auflöst, kannst du ihm anfangs auch einen Keks wegschmeißen oder ihn körpersprachlich einladen aufzustehen und ein Stück mit dir zu laufen.

Merke: *Auch dein Markersignal löst das vorherige Verhalten auf. Es ist also kein Fehler deines Hundes, wenn er nach dem Markern, zum Beispiel der Sitzposition, seine Position verlässt. Um dies zu umgehen, füttere nach dem Markersignal immer in der jeweils erwünschten Position und füge dann deine Freigabe hinterher.*

Das Freigabesignal teilt deinem Hund mit, dass die vorherige Übung beendet ist.

Rückrufsignal

Wenn dein Hund zu den Apportieren gehört, ist es natürlich sehr wichtig, dass er freudig mit dem Pocketdummy im Maul zu dir zurückkommt. Grundlage dafür ist es also erst einmal, dass der Rückruf auch ohne Dummy verlässlich klappt. Bevor du mit den Apportierübungen beginnst, sollte ein sicherer Rückruf funktionieren. Es lohnt sich trotzdem immer, dein Rückrufsignal zu pflegen, sparsam einzusetzen und nicht nur im Notfall zu benutzen. Belohne deinen Rückruf stets großzügig und wähle spannende und hochwertige Belohnungen. Wir Trainer nennen das „eine gute Verstärkungsgeschichte daraufsetzen".

Überlege außerdem immer, welche Konsequenz dein Rückruf für deinen Hund hat:

- Wird er daraufhin angeleint?
- Wird er immer von etwas für ihn Interessantem (Mäuseloch, Pipistelle, Hunde) weggeholt?
- Wird er immer damit vom Garten ins Haus gerufen?

All diese Konsequenzen nutzen dein Rückrufsignal ab! Benutze es also bewusst und nur, wenn es nötig ist. Sichere ggf. auch mal mit Schleppleine ab, wenn du weißt, dass du es jetzt oft benutzen musst und lade es in Situationen, in denen dein Hund eh gerade zu dir kommt und nicht abgelenkt ist, mit tollen Belohnungen auf.

Der Rückruf ist eins der wichtigsten Signale, das auch mit dem Dummy geübt werden muss.

Rückruf ohne den Pocketdummy

Hast du noch kein sicheres Rückrufsignal, beginne die Rückrufübungen erst einmal ohne Ablenkung und Dummy.

Allgemeiner Aufbau

1. Überlege dir ein Wortsignal für den Rückruf („Hier", „Zu mir"...). Sage dein neues Rückrufsignal anfangs, wenn dein Hund direkt vor dir steht. Belohne ihn dann sofort hochwertig und abwechslungsreich.
2. Nun bewege dich langsam rückwärts. Sobald dein Hund dir folgt, sagst du das Signal und belohnst bei dir.
3. Bitte jemanden, deinen Hund festzuhalten, entferne dich nun schnell. Sobald dein Hund Anstalten macht, zu dir zu wollen, rufst du nun dein neues Rückrufsignal.
4. Klappt dies gut, sage das Signal nun, bevor dein Hund Verhalten zeigt, zu dir zu wollen oder zu kommen.
5. Wichtig ist, dass dein Hund jetzt verstanden hat: Dieses Signal (ob Pfeife oder Wortsignal) kündigt eine tolle Belohnung an.
6. Wenn der Hund zuverlässig in deiner Nähe auf das Wort reagiert und zu dir kommt, kannst du langsam Distanz und Ablenkung steigern.

Rückruf mit dem Pocketdummy

In den folgenden Abschnitten findest du den Aufbau zum Apportieren. Hier kann auch zur Unterstützung das Rückrufsignal zum Einsatz kommen, um dieses in Zusammenhang mit dem Pocketdummy zu trainieren. Wichtig hierbei ist, das Rückrufsignal immer erst dann zu geben, wenn dein Hund den Dummy aufgenommen hat und du die zügige Rückkehr unterstützen willst.

Rückruf ohne Pocketdummy.

Rückruf mit Pocketdummy.

Abgabesignal

Das Ausgeben ist ein wichtiger und letzter Bestandteil der Apportierkette. In diesem Buch wird nicht extra ein Wortsignal fürs Ausgeben des Pocketdummys genutzt, sondern ein Handsignal. Dein Hund soll lernen, den Dummy in die Hand abzugeben, sobald die Hand unter sein Maul kommt. Das „Händereichen" fungiert somit als Abgabesignal.
Zusätzlich sollte dein Hund aber auch immer lernen, den Pocketdummy einen kurzen Zeitraum im Maul zu behalten – bis deine Hand kommt (siehe Aufbau des Apportierens).
Die meisten Hunde spucken den Dummy recht schnell in die Hand des Besitzers, sobald diese gereicht wird.

Tipp:
Gibt dein Hund seinen Dummy nicht gerne ab, solltest du das Ausgeben gezielt üben. Du kannst jedes Maullockern oder Ausspucken markieren und hochwertig belohnen oder auch mit höherwertigen Tauschobjekten arbeiten, damit dein Hund lernt, dass das Abgeben des Pocketdummys sich lohnt.

Achte darauf, dich bei der Abgabe nicht zu sehr über deinen Hund zu beugen: Viele Hunde finden dies eher unangenehm und lassen den Dummy schnell fallen.

Die Startdecke

Ein kleines Startdeckchen dient als mobiler und visueller Anker für deinen Hund. Es soll dem Hund signalisieren: „Bleib an diesem Ort, egal, was um dich herum passiert – bis ich dich freigebe."

Vorteile

- Bietet Orientierung und Raumgrenzen
- Hilft der Impulskontrolle
- Fördert das ruhige Warten
- Auch außerhalb der Pocketdummy-Suche nutzbar und einsetzbar beim Training

Aufbau

- Lege die Decke auf den Boden.
- Lade die Decke positiv auf, indem du deinen Hund mit Futter oder einer Handbewegung auf die Decke lockst und dort belohnst.
- Dehne die Verweildauer dort durch mehrmalige Futtergabe stückweise aus. Gib hier zu Anfang bewusst ein paar Mal noch kein Wortsignal, sondern belohne nur das Verhalten.
- Nun führe dein Wortsignal „Bleib" ein (siehe Aufbau „Bleib").
- Nutze ein Freigabesignal, um das „Bleib" auf der Decke aufzulösen.
- Steigere Distanz und Dauer.
- Füge Ablenkungen hinzu.
- Nutze die Decke explizit für die Pocketdummy-Suche.

***Wichtig:** Nutze hierfür keine Ruhe- oder Pausendecke deines Hundes, welche mit Ruhe und Entspannung verknüpft ist! Am besten nimmst du eine abwaschbare kleine Gummimatte fürs Startdecken-Training.*

Markersignal / Lobwort

Damit du deinem Hund beim Pocketdummy punktgenaues Feedback geben kannst, welches Verhalten richtig ist, nutzen wir ein spezielles Lobwort – auch Markersignal genannt.
Ein Markerwort / Lobwort unterscheidet sich von den gängig genutzten Lobwörtern wie „fein“ oder „super“, auf die ja nicht immer im Alltag auch eine Belohnung erfolgt. Es ist ein klar definiertes Wort wie „TOP“, „YES“, „BINGO“... auf das immer eine Belohnung erfolgt. Die Art der Belohnung kann hierbei immer unterschiedlich sein. Das gewählte Wort sollte zudem kurz und knackig sein, denn es soll ja einen sekundengenauen Moment einfangen – nämlich das erwünschte Verhalten deines Hundes.

Du verwendest das Markerwort immer in dem Moment, in dem dein Hund ein erwünschtes Verhalten zeigt, wie die Nase an den Pocketdummy halten, den Pocketdummy ins Maul nehmen, das Ausführen eines erfolgten Signals wie „Sitz“ und „Platz“ oder auch ein Blickkontakt zu dir!
Die Belohnung kann danach in Form von guten Leckerlis, aber auch einem Spiel stattfinden. Wichtig ist nur, dass dein Hund die Belohnung auch wirklich toll findet. Ein Hund lernt durch Verknüpfungen von Ereignissen, am effektivsten, wenn Belohnung und Verhalten unmittelbar aufeinander folgen. Da wir oft nicht so schnell eine Belohnung geben können, braucht es ein Signal, das den exakt richtigen Moment markiert.

Aufbau

Vor Benutzung muss das Markerwort konditioniert werden. Das bedeutet, dass dein Hund lernt: Wort = Belohnung.

Um die Verknüpfung bei deinem Hund herzustellen, sagst du dein gewähltes Wort und gibst direkt danach ein sehr gutes Leckerchen oder fängst ein tolles Spiel an. Das wiederholst du mehrere Male, bis du merkst, dass dein Hund, nachdem er das Wort gehört hat, eine freudige Erwartungshaltung bekommt.
Zu Beginn: Benutze dein neues Markerwort im Alltag erst einmal für Dinge, die dein Hund toll und richtig macht. Zum Beispiel für das Ausführen von Signalen, die dein Hund schon kennt und gerne macht. Du kannst mit

dem Marker aber auch jedes erwünschte Verhalten einfangen und anschließend belohnen, welches dein Hund rein zufällig oder gezielt von sich aus anbietet. Fühlst du dich bei seiner Verwendung sicher, kannst du es nun auch beim Pocketdummy verwenden.

Beachte

- nach dem Marker wird immer belohnt
- das Markersignal beendet immer eine Übung
- dein Markersignal ist kein Ersatz für Leckerchen
- wenn du aufhörst, nach dem Markersignal zu belohnen, verliert es seine Wertigkeit
- alles, was dein Hund mag, kann eine Belohnung sein und kann nach dem Marker folgen

Vorteile eines Markersignals

- punktgenaues Feedback an deinen Hund
- schafft eine zeitliche Brücke zwischen gewünschtem Verhalten und Belohnung
- der Hund versteht schneller, welches Verhalten belohnt wird.
- mehr Klarheit für den Hund
- schnellere Lernprozesse
- löst tolle Gefühle beim Hund aus

Merke: *Achte immer darauf, dass du erst in die Tasche greifst, um Futter oder Spielzeug herauszuholen, nachdem du das Wort gesagt hast.*

Interesse am Pocketdummy wecken

Nicht jeder Hund findet den Pocketdummy gleich am Anfang interessant. Ein gewisses Interesse ist aber eine Grundvoraussetzung für die Motivation, dass der Dummy angezeigt, apportiert und gesucht wird. Hier gibt es verschiedene Möglichkeiten, welche individuell genutzt werden können. Wäge hier individuell ab, inwieweit du bei deinem Hund Interesse am Pocketdummy wecken musst.

Grundsätzlich empfehle ich dir, wenn es zu den ersten Übungen geht, bei denen dein Hund sich aktiv mit dem Dummy beschäftigen soll, dass du den Dummy vor jeder Übungseinheit interessant machst. Du bringst deinen Hund also in eine Motivationslage, in der er sich dem Dummy unbedingt nähern will.

Möglichkeit 1 – „Meins"

Hole den Dummy vor den Augen deines Hundes heraus und beschäftige dich interessiert mit ihm. Stecke ihn im Anschluss daran wieder wie einen sehr wichtigen Schatz weg. Wichtig ist, dass es keinen Kontakt zwischen Dummy und Hund gibt.

Möglichkeit 2 – Spielen

Spiele mit dem Dummy. Dein Hund wird in dieses Spiel nicht direkt integriert. Er darf mitrennen oder zuschauen, bekommt den Dummy aber nicht. Du kannst den Dummy dabei in der Hand hochwerfen oder auch jemandem zuwerfen.

Möglichkeit 3 – Nicht erreichbar machen

Der Dummy wird vor den Augen deines Hundes erhöht deponiert. Gehe dort immer mal hin und begutachte den Pocketdummy wie einen gerade gefundenen Schatz. Lege ihn dann wieder an Ort und Stelle.

Möglichkeit 4 – Positive Verknüpfung

Sobald du den Pocketdummy sichtbar herausholst, passiert etwas Tolles! Füttere dazu deinen Hund dort mehrfach hintereinander mit kleinen Belohnungen. Sind alle Futterstücke gefressen, wandert der Dummy wieder hinter deinen Rücken.

Tipp:

Achte hierbei immer darauf, dass jede Interaktion mit dem Dummy endet, bevor dein Hund das Interesse daran verliert. Der Hund soll die Verknüpfung bekommen: „Immer, wenn der Dummy erscheint, passiert etwas ganz Tolles."

KAPITEL 2
Zielverhalten Apport

Apportieren des Pocketdummys

Zielverhalten beim Apportieren

Dein Hund soll auf Signal hin freudig zum Pocketdummy laufen, diesen aufnehmen und auf direktem Weg zu dir zurückbringen. Wie schon beschrieben, besteht der Apport aus vielen verschiedenen Verhaltensweisen, welche dein Hund zeigen soll. Deshalb sprechen wir hier von der Verhaltenskette des Apportierens. Jede dieser Verhaltensweisen sollte getrennt trainiert werden. In den nächsten Abschnitten ist deshalb der jeweilige Aufbau der einzelnen Verhaltensweisen erklärt.

Mache den Dummy interessant.

Dies sind:
- die Aufnahme ins Maul
- die Aufnahme vom Boden
- das Halten
- die Abgabe
- das Tragen des Pocketdummys

Du arbeitest mit deinem Hund erst einmal an den einzelnen Kettengliedern, um diese dann später zu einer zusammenhängenden Kette zusammenzufügen (mittlere Kette / vollständige Kette).
Sollte dein Hund schon ein gewisses Können beim Apportieren mitbringen, aber vielleicht speziell mit einer Sache noch Probleme haben, kannst du dir gezielt einzelne Übungen zu dem jeweiligen Verhalten heraussuchen.

Aufnahme

Schritt 1 – Interesse wecken

Fange wieder damit an, den Dummy interessant für deinen Hund zu machen, ohne dass er Kontakt zum Dummy bekommt

Schritt 2 – Gewünschtes Verhalten am Dummy verstärken

- Der Hund steht vor oder seitlich neben dir.
- Achte darauf, dass du dich nicht über den Hund beugst.
- Reiche deinem Hund den Dummy in Maulhöhe.

- Schaue nun, was dein Hund dir anbietet.
- Anfangs reicht schon eine Orientierung zum Dummy, dann ein Daran-Schnüffeln, ein Anstupsen oder ein leichtes Ins-Maul-Nehmen aus. Benutze in dem Moment, in dem dein Hund dieses Verhalten zeigt, dein Lobwort (Markerwort) und belohne am Dummy.
- Der Pocketdummy bleibt in deiner Hand.
- Wiederhole diesen Schritt mehrmals.

Schritt 3 – Aktive Aufnahme fördern

Schaue, ob dir dein Hund nun ein Verhalten anbietet, das über das Anstupsen hinausgeht (z. B. ein leichtes Maulöffnen).

- Der Dummy bleibt auch bei diesem Schritt noch in deiner Hand.
- Wiederhole diesen Schritt, bis dein Hund sicher den Pocketdummy mit dem Fang umfasst.
- Achte darauf, dass du dein Markersignal / Lobwort sagst, bevor dein Hund den Fang wieder lockert.
- Der Pocketdummy wird im Anschluss immer wieder hinter den Rücken genommen, um dann erneut präsentiert zu werden.

Ziel ist es, dass dein Hund den Dummy in deiner Hand mit dem Maul umschließt.

Oben: Verstärke jegliches erwünschtes Verhalten am Dummy.
Unten: Behalte den Dummy am Anfang noch in der Hand.

Halten und Abgabe

Du hast die Aufnahme des Dummys geübt und dein Hund schafft es, ihn ins Maul zu nehmen. Jetzt kommt der nächste Schritt, das Halten des Pocketdummys und die Abgabe in deine Hand.

Das Halten

Schritt 1 – Selbstständiges Halten

- Der Hund steht wieder vor oder seitlich neben dir
- Achte darauf, dass du dich nicht über den Hund beugst
- Präsentiere den Pocketdummy nun auf Kopfhöhe deines Hundes
- Warte, bis dein Hund den Dummy ins Maul nimmt
- Nimm nun kurz deine Hände vom Dummy weg
- Lobe und markiere das selbstständige Halten
- Halte deine Hände wieder unter den Fang, sodass der Dummy darin landet, sobald dein Hund diesen loslässt

Schritt 2 – Haltephase verlängern

- Dehne das freie Halten schrittweise aus

Schritt 3 – Entfernung von Menschenhand zu Dummy wird vergrößert

- Nimm schrittweise deine Hände wieder an deinen Körper zurück, sobald du den Dummy losgelassen hast. Aber halte die Hand immer noch so nah am Dummy, damit du ihn wieder festhalten kannst, sollte der Hund ihn vorher loslassen.

Schritt 4 – Sauberes Halten

- Wenn dein Hund knabbert oder zu unruhig ist, nimm ihm den Dummy ab, mache eine kurze Pause und probiere es noch einmal. Ziel soll es sein, dass dein Hund den Dummy ein paar Sekunden im Maul halten kann, ohne dass deine Hand am Dummy ist.

Um ein festes Halten zu erreichen, kannst du dir bei einigen Hunden gezielt den Oppositionsreflex in der Halte- und Abgabephase zunutze machen: Dein Hund reagiert automatisch mit Gegendruck, wenn du den Pocketdummy, nachdem er ihn mit dem Maul umschlossen hat, leicht wieder zu dir zurückziehst:

- Pocketdummy ins Maul geben
- Übe mit deiner Hand einen leichten Zug auf den Pocketdummy aus
- Durch den Oppositionsreflex verstärkt dein Hund automatisch den Griff und hält fester
- Dieses „feste Greifen und Halten" kannst du gezielt loben und belohnen

Die Abgabe

Die Abgabe des Pocketdummys erfolgt in die Hand. Dabei kann dein Hund seine Position frei wählen. Empfehlenswert ist hier die frontale und stehende Position deines Hundes vor dir, um dir den Dummy bei Abgabe direkt in die Hand zu geben, ohne dass dieser den Boden berührt.

Tipp:

Achte hier immer auf deine Körperhaltung. Beugst du dich zu weit über deinen Hund, kann dies für manche Hunde bedrohlich wirken.

Wichtig:

- Nie rucken oder reißen
- Timing beachten: erst das Festhalten bestätigen, dann gezielt die Abgabe verlangen.

Das Signal zum Ausgeben bildet hauptsächlich das „Händereichen". Halte hier gezielt deine Hände unter den Dummy. Die meisten Hunde öffnen dann ihren Fang und lassen den Pocketdummy in die Hände fallen. Zusätzlich kannst du auch ein Wortsignal fürs Ausgeben nutzen, sollte dies nötig sein und du es aufgebaut hast. Übe diesen Schritt erst, wenn dein Hund sicher den Dummy aus deiner Hand nehmen und ein paar Sekunden halten kann.

Das Signal zum Ausgeben bildet das „Händereichen".

Aufnahme vom Boden mit Abgabe in die Hand

- Lege den Dummy sichtbar 30–50 cm vor deinen Hund
- Motiviere ihn stimmlich, diesen aufzuheben
- Sobald dein Hund den Dummy aufnimmt, lobe ihn und halte sofort deine Hand unter den Fang, sodass der Dummy dort landet
- Belohne deinen Hund

Sobald die Aufnahme, das kurze Halten und die Abgabe des Pocketdummys vom Boden gut klappen, übst du, den Pocketdummy in Bewegung zu tragen.

Tragen

Das Tragen des Dummys zum Menschen hin ist ein weiterer Teil der Verhaltenskette Apport, der gesondert trainiert werden sollte.

Schritt 1 – Tragen in Bewegung mit Hand

- Trabe mit deinem Hund an der Leine und reiche ihm während des Laufens den Dummy
- Lasse hier noch die Hand am Pocketdummy
- Markere / lobe das Umfassen mit dem Maul in der Bewegung

Schritt 2 – Tragen in Bewegung ohne Hand

- Trabe mit deinem Hund an der Leine und reiche ihm während des Laufens den Dummy
- Lasse deinen Hund in der Bewegung den Pocketdummy aufnehmen
- Markere / lobe das freie Tragen des Pocketdummys in der Bewegung
- Achte darauf, dass du schnell mit der Hand am Pocketdummy bist, um ein Fallenlassen zu verhindern

Lasse deine Hand noch zu Beginn am Pocketdummy.

Signaleinführung

Ein Wortsignal zum Apportieren wie zum Beispiel das Wort „Dummy“ fügst du dann ein, wenn dein Hund das Apportieren bereits sicher und freiwillig zeigt – er quasi „signalreif“ ist.

Das neue Signal wird erst dann gesagt, wenn dein Hund:

- gerade und zielsicher zum Pocketdummy läuft,
- diesen sicher aufnimmt,
- das Verhalten mehrmals ohne Hilfe zeigt.

Konntest du die vorherigen Übungen schon mit Erfolg umsetzen, ist es jetzt an der Zeit, ein Signal einzuführen. Nur so kann dein Hund das richtige Verhalten – nämlich das Hinlaufen, Aufnehmen, Zurückbringen und Abgeben – mit einem Signal verknüpfen.

Aufbau

1. Verhalten ohne Signal etablieren
2. Signal hinzufügen, kurz vor dem Verhalten
3. Signal festigen durch mehrere Wiederholungen
4. Signal generalisieren (an verschiedenen Orten / in verschiedenen Situationen)

Ich empfehle hier erst einmal das Wortsignal „Dummy“ zu nehmen, welches wir später noch mit dem Zusatz „Such“ versehen. In einer Suche sagen wir dann später „Such-Dummy“.

Übungen zum sicheren Apportieren

Einzelne Kettenglieder

Übung 1 – Aufnahme des Pocketdummy

Mache den Dummy kurz interessant und stelle dich dicht gegenüber deinem Hund auf. Präsentiere ihm nun auf Kopfhöhe den Dummy und fordere ihn auf, diesen ins Maul zu nehmen. Sobald dein Hund den Dummy aufnimmt, wird gemarkert / gelobt und die Hand so unter den Dummy gehalten, dass dieser immer in deiner Hand landet. Klappt dies, kannst du schrittweise den Dummy immer tiefer halten, bis dein Hund den Dummy vom Boden aufheben muss. So kann das Aufnehmen aus verschiedenen Positionen geübt werden.

Übung 2 – Halten des Pocketdummy

Mache den Dummy kurz interessant und stelle dich dicht gegenüber deinem Hund auf. Präsentiere deinem Hund auf Kopfhöhe den Dummy und fordere ihn auf, diesen ins Maul zu nehmen. Ziel ist es nun, dass dein Hund diesmal den Dummy zwei bis drei Sekunden länger im Maul hält, bis gemarkert und gelobt wird. Die Hand wird so unter den Dummy gehalten, dass dieser wieder in der Hand landet. Schrittweise kannst du hier die Zeit des Haltens verlängern.

Übung 3 – Abgabe des Pocketdummy

Mache den Dummy kurz interessant und stelle dich dicht gegenüber deinem Hund auf. Präsentiere ihm auf Kopfhöhe den Dummy und fordere ihn auf, diesen ins Maul zu nehmen. Der Hund soll den Dummy kurz im Maul halten und wird dann durch die Hand unter dem Maul aktiv aufgefordert, den Dummy gezielt in die Hand zu geben. Die Abgabe wird gelobt und belohnt.

Du hast jetzt gezielt an den einzelnen Kettengliedern zum Apportieren gearbeitet. Nun ist es an der Zeit, diese Verhalten zusammenzufügen und zu trainieren. Wir beginnen damit, die einzelnen Kettenglieder zu einer mittleren Kette zusammenzusetzen:

Mittlere Kette

Übung 4 – Tragen integrieren

Schritt 1 – Dummy liegt zwischen dir und Hund

Setze dazu deinen Hund gegenüber von dir ab und gib ihm das Signal zum Bleiben. Entferne dich einen Meter von deinem Hund, lege den Dummy ab und entferne dich ca. einen Meter weit, sodass der Dummy zwischen dir und deinem Hund liegt.
Gib deinem Hund nun das Signal zum Bringen des Pocketdummys. Dein Hund sollte dabei loslaufen, den Pocketdummy vor dir aufnehmen und ihn dir in die Hand geben.

Schritt 2 – Verändere nun die Entfernungen

Schritt 3 – Dummy liegt versetzt

- Lege nun den Dummy nicht mehr frontal, sondern auch leicht versetzt oder ein Stück weiter weg.
- Hier muss dein Hund sich nun bewusst zum Dummy orientieren und diesen aufnehmen.

Ziel ist es, dass dein Hund sich bewusst zum Pocketdummy orientiert, diesen vom Boden aufnimmt und dir in die Hand gibt.

Vollständige Kette

Durch die vorherige Übung hat dein Hund gelernt, sich immer gezielter zum Pocketdummy zu orientieren, auch wenn dieser nicht mehr auf seinem Laufweg liegt. Nun kannst du die vollständige Abfolge der Verhaltensweisen trainieren, wie du in Übung 5 sehen kannst.

Übung 5

Setze deinen Hund ab, lege den Pocketdummy ca. drei Meter entfernt aus und gib deinem Hund dein Signal zum Apportieren. Dein Hund startet auf Signal, nimmt den Dummy auf, bringt ihn zurück und gibt ihn in deine Hand. Nun bist du startklar, um den Pocketdummy suchen zu lassen!

Warten->Signal -> Vorauslaufen -> Aufnahme -> Zurücktragen -> Abgabe in die Hand

Erstes Suchen des Pocketdummys (Apportierer)

Dein Hund apportiert nun freudig den Dummy? Dann ist es endlich so weit, die Suche zu integrieren. Du startest auch hier erst einmal möglichst einfach, damit dein Hund genau versteht, welches Verhalten er zeigen soll. Suche dir dazu in ablenkungsarmer Umgebung einen Bezugspunkt. Bezugspunkte sind Stellen, an denen sich der Hund orientieren kann (siehe Einsatzorte). Dies können Dinge aus der Natur sein wie ein großer Stein, Baumstumpf, aber auch verschieden große Gegenstände wie Tonnen, Holzpaletten, Tische oder Stühle. Wichtig ist, dass um diesen Gegenstand herum in nächster Nähe nicht weitere ähnliche Gegenstände liegen oder markante Objekte stehen.

Übung 1 – Leicht sichtbares Auslegen um einen Bezugspunkt herum

- Der Dummy wird für den Hund so spannend gemacht, dass er am liebsten hinterher möchte.
- Gib deinem Hund das Signal zum Bleiben oder binde ihn an.
- Entferne dich zügig zu einem etwa zwei Meter entfernten Bezugspunkt.
- Der Dummy wird leicht sichtbar um den Bezugspunkt herum ausgelegt.
- Dein Hund beobachtet das Auslegen.
- Kehre zügig zum Hund zurück und gib deinen Hund mit seinem Freigabesignal

Hier wird der Pocketdummy leicht sichtbar am Bezugspunkt – der Bank – ausgelegt. Leicht sichtbar bedeutet, dass dein Hund ihn vom Startpunkt nicht sieht und ihn erst in Nähe der Bank wahrnehmen kann.

„OK" und einer einladenden Handbewegung zum Dummy frei.

- Sobald dein Hund den Dummy findet und aufnimmt, wird er freudig animiert, zurückzukommen und diesen möglichst in deine Hand abzugeben.

Wiederhole diese Übung zweimal an verschiedenen Stellen um den Bezugspunkt. Klappt dies gut an verschiedenen Bezugspunkten, reduzieren wir als Nächstes langsam die Sichtbarkeit des Dummys.

Übung 2 – Sichtbarkeit des Dummys reduzieren

Nun wird ein wesentliches Kriterium geändert – nämlich die Sichtbarkeit des Dummys nach dem Auslegen.

Lege den Pocketdummy immer weniger sichtbar, um einen der bisher benutzten Bezugspunkte zwei Meter entfernt, aus. Täusche dabei vier verschiedene Ablagepunkte um den Bezugspunkt an. Mache dies zügig, damit dein Hund nicht das Interesse verliert. Achte darauf, dass das letzte Antäuschen nicht auch immer der Ablageort des Dummys ist!

- Der Dummy wird kurz interessant gemacht.
- Entferne dich zügig vom Hund.
- Dein Hund beobachtet das Auslegen.

- Der Dummy wird um den Bezugspunkt herum kaum sichtbar ausgelegt.
- Täusche dabei drei bis vier verschiedene Ablagepunkte in einem Umkreis von einem Meter um den Bezugspunkt an.
- Kehre zügig zum Hund zurück und gib ihn mit seinem Freigabesignal und einer einladenden Armbewegung zum Dummy frei.
- Sobald der Hund den Dummy findet und aufnimmt, animiere ihn, zu dir zurückzukommen und den Pocketdummy möglichst in deine Hand abzugeben.
- Wiederhole diese Übung zweimal an verschiedenen Stellen um den Bezugspunkt herum. Ziel soll es sein, dass der Dummy nicht mehr sichtbar versteckt wird.

Sobald die Sichtbarkeit reduziert ist, muss dein Hund nun immer aktiver ein Suchverhalten um den Bezugspunkt herum zeigen.

Übung 3 – Vom Bezugspunkt zum kleinen Suchfeld

Hat dein Hund Übung 2 erfolgreich absolviert, kann der Bezugspunkt zu einem kleinen Suchfeld erweitert werden. Hierzu wird der Bezugspunkt durch weitere Gegenstände ergänzt.
Suchfeld: Suchfelder bestehen aus mehreren Gegenständen, die auf einem Bereich von maximal 2 × 2 Metern ausgebreitet werden. Gegenstände wie Eimer, Töpfe, Kisten, Mauersteine, Holzpaletten, Tische und Stühle eignen sich zum Beispiel dazu. In dieses kleine Suchfeld wird nun der Dummy ausgelegt.

- Der Dummy wird kurz interessant gemacht.
- Gib deinem Hund das Signal zum Bleiben und entferne dich.
- Dein Hund beobachtet das Auslegen.
- Der Dummy wird im Suchfeld versteckt.
- Täusche dabei drei bis vier verschiedene Ablagepunkte im Suchfeld an.
- Kehre zügig in die Nähe deines Hundes zurück (zwischen Hund und Pocketdummy) und gib deinem Hund mit seinem Freigabesignal und einer einladenden Handbewegung zum Dummy frei.
- Sobald der Hund den Dummy findet und aufnimmt, wird er freudig animiert, zurückzukommen und den Pocketdummy in die Hand abzugeben.

In einem kleinen Suchfeld muss der Hund gezielter suchen, um den Pocketdummy zu finden.

Einführung eines Suchsignals

Ist Übung 3 erfolgreich gefestigt, kannst du jetzt ein eigenes Suchsignal für die Pocketdummy-Suche einführen! Dein Hund hat nun verstanden, welche Aufgabe auf ihn wartet. Führst du nun ein festes Suchsignal ein, übe dies erst einmal wieder leichter an einem einfachen Bezugspunkt und dann in einem leichten Suchfeld.

Dein Suchsignal sollte aus einem Wort und einer Handbewegung bestehen. Dies ist sinnvoll, da dein Hund Informationen mit mehreren Sinnen gleichzeitig verarbeitet und sich besonders stark an visuellen Reizen orientiert. Die Kombination aus Wort- und Sichtsignal schafft Klarheit, Sicherheit und Lernstabilität.

Dein Wortsignal für die Suche könnte zum Beispiel „Such Dummy" lauten. Hier findest du dein Wortsignal fürs Apportieren „Dummy" wieder. Wir setzen lediglich das Wort „Such" nun davor.

Als Sichtsignal für die Suche kannst du eine bestimmte Armbewegung zur Suchfläche hin machen. Dies könnte zum Beispiel ein Hinzeigen, eine rührende Handbewegung oder eine halbkreisförmige Bewegung zur Suchfläche hin sein. Beispiele, wie dein Sichtsignal aussehen kann, findest du im Abschnitt über die Startrituale.

Tipp:

Startet dein Hund auf diese Signale nicht in die Suche, kannst du als zusätzliche Hilfe dein neues Wortsignal mit deinem Freigabesignal hinten ergänzen („Such Dummy" – „ok"). Dieses solltest du später wieder abbauen.

Auf diesem Bild wird eine Handbewegung nach vorne zum Suchfeld gemacht. Die geballte Faust öffnet sich dabei. Ergänzend wird ein Wortsignal wie „Such Dummy" gegeben. Der Hund startet auf dieses Signal hin.

KAPITEL 3
Zielverhalten Anzeige

ANZEIGE DES POCKETDUMMYS

Zielverhalten

Bei der Pocketdummy-Suche kommt ein Anzeigeverhalten zum Einsatz, welches keine feste Position vorgibt und deinem Hund somit einen Entscheidungsspielraum lässt. Dein Hund soll beim Pocketdummy auf ein Signal hin den gefundenen Dummy kurz mit der Nase berühren und dann an der Fundstelle stehen bleiben, ohne den Fundort wieder zu verlassen. Die Position (Sitzen, Stehen, Liegen und die Kopfhaltung des Hundes) wird hierbei nicht festgelegt, der Hund darf frei wählen. Zudem darf dein Hund, nachdem er den Pocketdummy kurz mit der Nase berührt hat, seinen Kopf zu dir drehen und dir damit sagen, dass er ihn gefunden hat. Dies hat den Vorteil, dass dein Hund die Entscheidungsfreiheit hat, welche Position ihm gerade behagt. So ist die Suche nach dem Pocketdummy auch für Hunde mit körperlichen Einschränkungen möglich, da sie nicht eine antrainierte feste Haltung zeigen müssen. Zudem kann dein Hund auf Feld, Wiese oder im Wald seine Position beliebig dem jeweiligen Untergrund und der Höhe anpassen.

Der Hund soll den gefundenen Pocketdummy kurz mit der Nase berühren und dann an der Fundstelle stehen oder sitzen bleiben.

Aufbau

Hast du dich für ein Anzeigeverhalten entschieden, dann findest du in diesem Teil des Buches den genauen Aufbau. Dein Hund lernt ein Verhalten, welches er zeigen soll, sobald er den Pocketdummy gefunden hat. Hierbei soll er den Dummy kurz (ca. drei Sekunden) mit der Nase berühren und am Fundort verharren, bis du bei ihm bist. Seine Position und Kopfhaltung darf er dabei frei wählen.

Übung 1 – Nase am Pocketdummy

- Dein Hund steht oder sitzt vor dir.
- Halte hinter deinem Rücken in einer Hand ein paar Leckerlis, in der anderen Hand den Pocketdummy.
- Nimm deine Hand mit dem Pocketdummy nun nach vorne und präsentiere deinem Hund den Pocketdummy auf Nasenhöhe.
- Sobald dein Hund den Dummy anschaut oder mit der Nase zum Dummy geht, sagst du dein Marker-/Lobwort und fütterst ihn sofort mit der Futterhand am Dummy.
- Wichtig ist hier, dass nur die Futterhand sich zum Dummy bewegt. Die Dummyhand bleibt weiterhin an Ort und Stelle stehen, bis der Hund die Belohnung aufgefressen hat. Der Hund soll lernen, dass er die Belohnung immer in Nähe des Dummys zu erwarten hat.
- Der Futterpunkt ist am Dummy.
- Dein Hund sollte hier mit 4–5 Keksen hintereinander aus der Hand gefüttert werden.
- Sobald das Futter aufgegessen ist, gehen Futterhand (nachladen nicht vergessen) und Dummyhand wieder hinter den Rücken.
- Dies sollte mehrmals wiederholt werden, bis dein Hund das Prinzip verstanden hat.

Durch den Futterpunkt am Dummy lernt der Hund, worum es geht.

Übung 2 – Die Position des Pocketdummys wird verändert

In der vorherigen Übung hast du den Dummy vor dir präsentiert. Sobald der Hund mit der Nase in die Nähe des Suchgegenstands gekommen ist, hast du am Dummy gemarkert, gelobt und belohnt. Nun gehe dazu über, die Position des Dummys zu variieren.

a) links / rechts / oben / unten
- Der Hund steht oder sitzt vor dir.
- In einer Hand hast du drei Leckerlis, in der anderen Hand den Pocketdummy.
- Der Pocketdummy wird nun mal links, mal rechts, mal oben, mal weiter unten in der Luft deinem Hund präsentiert.
- Sobald dein Hund mit der Nase zum Dummy geht, markere / lobe dieses Verhalten und füttere mit der anderen Hand deinem Hund am Dummy.

b) auf dem Boden
- Der Hund steht oder sitzt vor dir.
- In einer Hand hast du drei Leckerlis, in der anderen Hand den Pocketdummy.
- Nun legst du den Pocketdummy auf den Boden und hältst ihn dabei fest.
- Sobald dein Hund mit der Nase zum Dummy geht, markere / lobe dieses Verhalten und füttere mit der anderen Hand deinen Hund am Dummy.

c) Der Dummy wandert auf dem Boden hin und her (wenn Übung a und b sicher funktionieren) – du lässt den Dummy am Boden „suchen".
- Ablauf wie bei b)
- Während dein Hund noch am Fressen ist, verschiebe nun den Pocketdummy ein Stück nach links oder rechts, sodass dein Hund aufs Neue, nachdem er aufgefressen hat, mit der Nase zum Dummy gehen kann.
- Dieses Spiel kannst du mehrmals wiederholen und auch hier schon deinen Hund dabei um dich herum etwas suchen lassen.

Ziel der Aufgabe ist es, dass der Hund mit seiner Nase zuverlässig in verschiedenen Positionen zum Pocketdummy geht und, wenn dieser ein kleines Stück in seinem Sichtfeld wandert, er diesem folgt, um ihn wieder zu berühren.

Jetzt kann der Dummy auch auf dem Boden präsentiert werden.

Verlängerung eines Anzeigeverhaltens

Dein Hund schafft es nun schon, auf verschiedenen Höhen – am Boden sowie links und rechts von dir – mit der Nase den Pocketdummy zu berühren, wenn du ihm diesen präsentierst. Im nächsten Schritt soll dein Hund nun seine Nase ein paar Sekunden länger am Dummy lassen. Um dies zu erreichen, arbeitest du nun an der Dauer der Anzeige. Diese Verlängerung des Anzeigeverhaltens wird erst einmal wieder in deiner Hand und dann am Boden geübt.

Übung 1 – Dauer verlängern (Hand)

- Der Dummy befindet sich hinter deinem Rücken.
- Präsentiere deinem Hund nun den Pocketdummy.
- Sobald dein Hund Interesse zeigt und am Dummy schnuppert, zählst du erst eine Sekunde im Kopf – markerst / belohnst.
- Wenn er zuverlässig seine Nase am Dummy hält, verlängerst du im nächsten Durchgang auf 2 Sekunden und schließlich dann auf 3Sekunden
- Füttere am Dummy immer mehrere Futterstücke hintereinander, sodass dein Hund seine Nase nicht vom Dummy nehmen muss, um an die Leckerlis zu kommen.

Übung 2 – Dauer verlängern in verschiedenen Positionen

Übe diese Verlängerung in allen Positionen, sowohl auf deiner Höhe als auch auf dem Boden. Behalte aber dabei den Dummy immer noch in der Hand. Ziel ist es, dass dein Hund es schafft, drei Sekunden mit der Nase am Pocketdummy zu bleiben, egal in welcher Position.

Merke: *Wichtig ist hierbei, dass du die Zeit – Nase am Dummy – zwar sekundenweise ausdehnst, dabei aber schrittweise vorgehst. Sollte dein Hund zu schnell wieder mit der Nase vom Dummy weggehen, muss die Zeit wieder verkürzt werden.*

Anzeige ohne Festhalten / Klemmen (für Fortgeschrittene)

Ziel ist es in diesem Trainingsschritt, dass keine weitere aktive Interaktion mit dem Dummy stattfindet, obwohl dieser nicht mehr festgeklemmt wird. Im Laufe des Trainings kannst du beginnen, den Pocketdummy immer weniger festzuhalten, bis er irgendwann frei liegt (optional).

Sobald dein Hund den Dummy nun mit der Nase berührt, markiere und belohne dies sofort. Dehne erst nach und nach wieder die Dauer der Anzeige aus. Warte nicht zu lange mit dem Markern und Belohnen des Anzeigeverhaltens.

Sollte dein Hund anfangen, mit dem frei liegenden Pocketdummy zu spielen, ihn wieder ins Maul nehmen oder Ähnliches, gehe wieder einen Schritt zurück – behalte ihn noch in der Hand bzw. klemme ihn erst einmal bei den weiteren Schritten am Bezugspunkt fest, sodass dieses Verhalten deinen Hund nicht zum Erfolg führt.

Hier hängt der Dummy frei am Baum, ohne festgeklemmt zu sein.

Einführung eines Wortsignals für das Anzeigen

Das Signal für Anzeigen „Zeig Dummy" fügst du dann ein, wenn dein Hund bereits sicher die Nase für etwa drei Sekunden an den Dummy hält – er quasi „signalreif" ist. Wir fügen das Wortsignal kurz bevor dein Hund das Anzeigeverhalten zeigt, hinzu und festigen es durch mehrere Wiederholungen. Denke auch daran, das Signal zu generalisieren, indem du es an verschiedenen Orten und in verschiedenen Situationen übst.

Nur so kann dein Hund das richtige Verhalten – nämlich das Berühren des Dummys mit der Nase – mit einem Wortsignal verknüpfen. Später, wenn wir die Suche integrieren, fügen wir noch ein Handsignal hinzu. Dies könnte zum Beispiel ein Hinzeigen, eine rührende Handbewegung oder eine halbkreisförmige Bewegung zur Suchfläche hin sein.

Erstes Suchen des Pocketdummys – Anzeiger

Wenn dein Hund gelernt hat, dass es sich lohnt, eine kurze Zeit mit der Nase am Pocketdummy zu bleiben und du ihn schon am Boden suchen gelassen hast, kannst du die Suche integrieren. Du startest auch hier erst einmal möglichst einfach, damit dein Hund genau versteht, welches Verhalten er zeigen soll. Suche dir dazu in ablenkungsarmer Umgebung einen Bezugspunkt mit etwas Gewicht, wie eine Palette, Getränkekiste, Steinplatte oder einen Mauerstein.

Ziel ist es, den Pocketdummy schrittweise immer weniger sichtbar um einen Bezugspunkt zu platzieren, sodass das Suchverhalten deines Hundes gezielt aktiviert wird. Dazu nutzen wir unser Wortsignal für Anzeigen, z.B. „Such Dummy", und integrieren noch ein Handsignal. Dies könnte zum Beispiel ein Hinzeigen, eine rührende Handbewegung oder eine halbkreisförmige Bewegung zur Suchfläche hin sein (siehe Startrituale).

Steine eignen sich gut, um den Pocketdummy zunächst gut sichtbar, später immer mehr versteckt festzuklemmen.

Übung 1 – Sichtbares Auslegen um einen Bezugspunkt herum

- Gib deinem Hund das Signal zum Bleiben oder binde ihn an.
- Entferne dich zügig zu einem etwa zwei Meter entfernten Bezugspunkt.
- Der Dummy wird für den Hund sichtbar unter dem oder am Bezugspunkt festgeklemmt.
- Um diesen herum täuschst du noch weitere Ablageorte an.
- Schicke deinen Hund mit dem Signal zum Anzeigen „Such Dummy" und dem Handsignal zum Dummy.
- Sobald der Hund den Dummy erreicht hat und den Pocketdummy mit der Nase berührt hat, markiere / lobe dieses Verhalten sofort und belohne ihn mehrmals an dem auf dem Boden liegenden Dummy.
- Wiederhole diese Übung zweimal an verschiedenen Stellen um den Bezugspunkt.

Der Pocketdummy liegt gut sichtbar am Bezugspunkt Palette festgeklemmt.

Übung 2 – Sichtbarkeit des Dummys reduzieren

Nun änderst du ein wesentliches Kriterium – nämlich die Sichtbarkeit des Dummys nach dem Auslegen. Bei dieser Übung wird der Pocketdummy bei jeder Einheit immer weniger sichtbar um den gleichen Bezugspunkt entfernt festgeklemmt.
Täusche dabei vier verschiedene Ablagepunkte um den Bezugspunkt an und klemme an einem der Punkte den Pocketdummy fest. Achte darauf, dass das letzte Antäuschen nicht auch immer der Ablageort des Dummys ist, und verstecke zügig, sodass dein Hund das Interesse nicht verliert. Wiederhole auch hier diese Übung mehrmals.

Nach und nach wird der Pocketdummy immer weniger sichtbar versteckt.

Übung 3 – Vom Bezugspunkt zum Suchfeld

Baue nun ein kleines Suchfeld auf, indem der Bezugspunkt durch weitere Gegenstände ergänzt wird. Klemme in dieses Suchfeld nun den Dummy wieder leichter sichtbar fest. Mach deinen Hund auf den Dummy aufmerksam und täusche im Suchfeld drei bis vier verschiedene Ablagepunkte an. Bleibe auch hier in der Nähe des Suchfeldes stehen, gib dein Freigabesignal und schicke deinen Hund mit einer einladenden Handbewegung zum Dummy. Sobald dein Hund den Dummy erschnüffelt hat, markiere/lobe und belohne.

Erwarte hier noch nicht, dass dein Hund schon drei Sekunden seine Nase am Pocketdummy lässt, wie du dies beim Aufbau des Anzeigeverhaltens geübt hast. Die Dauer der Anzeige kannst du auch hier gezielt trainieren. Achte darauf, dass du dies erstmal in Übung 1 – um einen Bezugspunkt – machst. Klemme auch hier anfangs den Dummy fest.

Jetzt ergänzt du das Suchfeld mit weiteren Gegenständen.

Wichtig:
Trainiere die Anzeigedauer erst einmal getrennt von der Suche. Markere und lobe sofort, wenn dein Hund den Dummy gefunden hat.

Lass deinen Hund anfangs beim Verstecken im Suchfeld zuschauen.

Entwicklung eines festen Startrituals für die Pocketdummy-Suche

Rituale geben in vielen Alltagssituationen Sicherheit und einen Rahmen, sowohl bei uns Menschen als auch bei unseren Hunden.

Unter einem Startritual versteht man eine feste Abfolge von Handlungen beim Start, die deinen Hund mental und körperlich auf die kommende Aufgabe einstellen. Wir machen uns das Ritual zunutze, um unseren Hunden mitzuteilen, welche Aufgabe nun gleich auf sie wartet. Dies vermeidet Missverständnisse.

Oft werden unterschiedliche Suchaufgaben im Alltag gemacht – ob Futtersuche, Spielzeugsuche oder auch bald den Pocketdummy. Da dies alles verschiedene Suchaufgaben sind, solltest du für jede dieser Suchoptionen ganz bewusst unterschiedliche Signale wählen. So schaffst du für jede dieser Suchen eine Erwartungssicherheit. Es wäre doch schade, wenn unser Hund die Erwartung auf Futter hat, obwohl er eigentlich lieber seinen Pocketdummy haben würde und diesen aber nicht findet, weil etwas anderes versteckt ist. So weiß der Hund schon beim Start, welche Suche ihn erwartet, da alle Handlungsabläufe in immer derselben Reihenfolge ablaufen.

Beim Pocketdummy baust du ein für euch passendes, individuelles Startritual auf. Wichtig bei der Auswahl ist, dass es zu deinem Hund passt. Es sollte einfach und klar für deinen Hund sein, ihn körperlich nicht belasten und ein motiviertes Suchen ermöglichen.

Das Startritual besteht aus:

- einem Sichtzeichen
- einem Hörzeichen
- einer Startposition

Ein festes Startritual hilft dem Hund, sich auf die Aufgabe einzustellen.

Beispiele für Sichtzeichen

Die geschlossene Faust öffnet sich neben dem Hundekopf.

Die flache Hand beschreibt eine rührende Bewegung nach vorne in Richtung des Suchfeldes.

Die Zeigegeste mit Finger zum Suchbereich.

Beispiele für Hörzeichen

- „Such Dummy"
- „Finden"...

Ein Sichtzeichen und Hörzeichen hast du bisher schon in einer leichten Suche eingefügt. Hier war es eventuell noch nötig, recht nah am Suchfeld zu stehen, damit du entweder die Abgabe in die Hand oder auch die richtige Position beim Anzeigen besser belohnen kannst.
Nun fügen wir noch eine feste Startposition hinzu!

Startposition zwischen den Beinen

Startposition seitlich am Bein neben dem Menschen

Beispiele für eine mögliche Startposition

1. Hund befindet sich zwischen unseren Beinen
2. Hund befindet sich links oder rechts neben unseren Beinen im Sitzen eingeparkt
3. Hund wird in eine bestimmte Position gebracht (Sitzen, Stehen, Liegen)
4. Hund darf die Position frei wählen, befindet sich aber neben dem Bein

Wichtig ist es bei deiner Wahl, dass der Hund diese Position gerne einnimmt und sich dabei wohlfühlt.

Warum nutzen wir ein individuelles, auf jedes Team zugeschnittenes Ritual?

- *Kleine Hunde: Vielleicht hast du einen kleinen Hund, der sich nicht gut dabei fühlt, sehr dicht oder auch zwischen deinen Beinen zu starten – passe hier die Startposition entsprechend an.*
- *Alte oder kranke Hunde: Die Startposition sollte keine Schmerzen verursachen. Ist ein Sitzen dem Hund unangenehm, starte im Stehen.*
- *Ist dein Hund empfindlich bezüglich Temperatur oder Bodenbeschaffenheit, ist vielleicht ein Sitzen oder Liegen nicht die optimale Startposition.*
- *Hunden, die noch Schwierigkeiten mit dem Warten haben, hilft oft ein Startdeckchen.*

Reihenfolge:

1. Startposition einnehmen
2. Wortsignal und Sichtzeichen gleichzeitig geben

KAPITEL 4

Beschäftigungsmöglichkeiten mit dem Pocketdummy

Outdoor-Versteckideen

Bisher hat dein Hund sich nur um einen bestimmten Bezugspunkt herum und darauffolgend in einem bestimmten, sichtbar abgegrenzten Suchbereich im Suchen geübt. Nun muss das Gelernte generalisiert werden. Das bedeutet, dass dein Hund nun lernen soll, seinen Pocketdummy an vielen unterschiedlichen Orten und Suchlagen zu suchen.

- Freie Suche auf einer Wiese
- Nicht sichtbar unter Blättern am Boden verstecken
- Erhöhtes Versteck an einem Busch / Zweigen oder Baumrinde
- Verstecke in Holzstapeln

Nun integrieren wir die Pocketdummy-Suche in unsere Spaziergänge in Feld, Wald und Wiese. Hier gibt es oft eine Vielzahl an Versteckmöglichkeiten. Lange Holzstapel im Wald, Flächen mit Laub, Stellen mit höherem Bewuchs auf Feld und Wiese bieten gute und abwechslungsreiche Verstecke.

Das Suchen in freiem Gelände ist deutlich schwieriger als in Wohnung oder Garten, da hier doch die Ablenkungen, aber auch die Verwehung des Geruches größer sind. Deshalb gehen wir wieder einen Schritt zurück und gestalten die Suchen leichter.

Hier kannst du:

- den Abstand verringern
- durch Antäuschen den Suchbereich eingrenzen
- deinen Hund beim Verstecken nicht zu lange warten lassen
- gerade zu Beginn möglichst windarm arbeiten

Später kannst du die Suche durch Veränderung der oben genannten Faktoren, wie größerer Abstand und Suchbereich oder auch durch unterschiedliche Wetter- und Windverhältnisse, wieder schwieriger gestalten.
Eine gute Unterstützung bietet das zuvor geübte Startritual. Es erinnert deinen Hund an seine Aufgabe und eine Startdecke sichert das Warten unter Ablenkung ab.

Oben: Antäuschen von mehreren Versteckmöglichkeiten.

Unten links: Je tiefer du den Dummy versteckst, umso mehr muss der Hund seine Nase benutzen.

Unten rechts: Nach erfolgreicher Suche wird der Dummy apportiert und zurückgebracht.

Übung 1 – Freie Suche auf einer Wiese mit höherem Bewuchs

Setze dazu deinen Hund vor einem Stück Wiese ab. Nun gehst du in Schlangenlinien über die Wiese, täuschst mehrere Ablageorte an und legst dabei irgendwo deinen Pocketdummy ab. Dein Hund schaut dir dabei zu. Schicke ihn nun in die Suche.

Übung 2 – Nicht sichtbar unter Laub und niedrigem Bewuchs am Boden

Verstecke den Dummy nicht sichtbar unter Laub oder niedrigem Bewuchs. Täusche mehrere Ablageorte durch Rascheln im Laub oder Gras an und lege dabei deinen Dummy nicht sichtbar dort ab. Dein Hund schaut dir dabei zu. Schicke ihn nun in die Suche.

Übung 3 – Leicht erhöhte Verstecke an Busch / Zweigen / Baumrinde

Setze dazu deinen Hund vor einem Bereich mit einigen Büschen und Bäumen ab. Deute wieder mehrere erhöhte Verstecke an, zu Anfang an einem Busch / Baum, später an mehreren Büschen / Bäumen. Der Dummy wird, kaum sichtbar für den Hund, in einen Busch oder in eine Einkerbung einer Baumrinde gesteckt. Die Höhe des Versteckes sollte grundsätzlich auf Kopfhöhe sein, sodass dein Hund den Dummy noch gut aufnehmen / anzeigen kann.

Übung 4 – Erhöhte Verstecke

Bei fortgeschritteneren Suchern kann man auch mal Verstecke wählen, bei denen die Hunde sich etwas strecken müssen, um an den Pocketdummy heranzukommen.

Merke: *Erhöhte Verstecke sind für deinen Hund generell schwieriger zu finden. Der Geruch des versteckten Dummys geht Richtung Boden – so ist es auch für viele Hunde schwieriger, Dinge in erhöhten Verstecken zu finden, da sie den Geruch schon am Boden wie einen Geruchsteppich wahrnehmen können.*

Übung 5 – Verstecke in Holzstapeln

Der Pocketdummy wird in die Hohlräume der Holzscheite gesteckt, sodass dein Hund ihn gut herausziehen kann. Hier kannst du sowohl erhöhte als auch niedrigere Verstecke nutzen.

Übung 6 – Integriere kleine Sprünge

Verstecke den Dummy so, dass dein Hund sowohl auf dem Hin- als auch auf dem Rückweg zum Suchbereich einen kleinen Sprung absolvieren muss.

Übung 7 – Autosuche

Verstecke den Dummy draußen auch mal in einem anderen Kontext, zum Beispiel an oder in einem Auto.

Indoor-Versteckmöglichkeiten

Gerade wenn das Wetter nicht so gut ist, bietet die Indoor-Suche eine gute Auslastungsmöglichkeit. Der Ablauf sollte der gleiche sein wie draußen.
Versteckmöglichkeiten gibt es viele im Haus und sie können individuell ausgewählt werden.

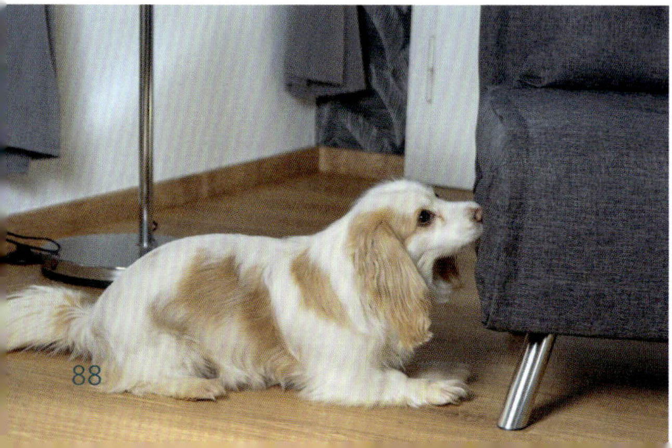

Ob im Bücherregal, Kleiderschrank oder in einer Sofaritze – überall kann der Dummy versteckt werden. Suche dir auch hier Bezugspunkte – wie zum Beispiel einen Tisch, ein Bett oder etwas größere Suchfelder wie ein Bücherregal.

Merke: *Wähle die Verstecke auch danach aus, ob du den Dummy anzeigen oder apportieren lassen möchtest. Indoor gibt es einige Möglichkeiten, den Pocketdummy festzuklemmen. Möchtest du ihn dir apportieren lassen, sollte er so versteckt werden, dass dein Hund ihn gut aufnehmen kann.*

Suche als Belohnung

Du benötigst bei dieser Übung wieder einen Bezugspunkt, um den der Pocketdummy versteckt wird. Es eignen sich bekannte Objekte wie Kegel, eine Bank, ein Holzstapel oder einzelne Büsche oder Bäume.

Was wird gebraucht?

- Bezugspunkt
- Ein Pocketdummy

Aufbau

Gib deinem Hund das Signal zum Warten (B) und verstecke den Dummy in 3–4 Meter Entfernung an einem Bezugspunkt (C). Gehe nun zurück (A) – bleibe allerdings 1–2 Meter entfernt auf gleicher Höhe gegenüber von deinem Hund stehen.
Achte besonders anfangs darauf, dass der Abstand zum Suchbereich mindestens doppelt so groß ist wie der Abstand zwischen Mensch und Hund.

Rufe nun deinen Hund auf direktem Weg zu dir, er soll kurz bei dir „einchecken" – das kann durch einen Handtouch oder ein kurzes Innehalten bei dir passieren.
Dann schickst du ihn zur Belohnung mit deinem Suchsignal in die Suche. Während der Hund wartet, wird der Pocketdummy im Suchfeld versteckt.

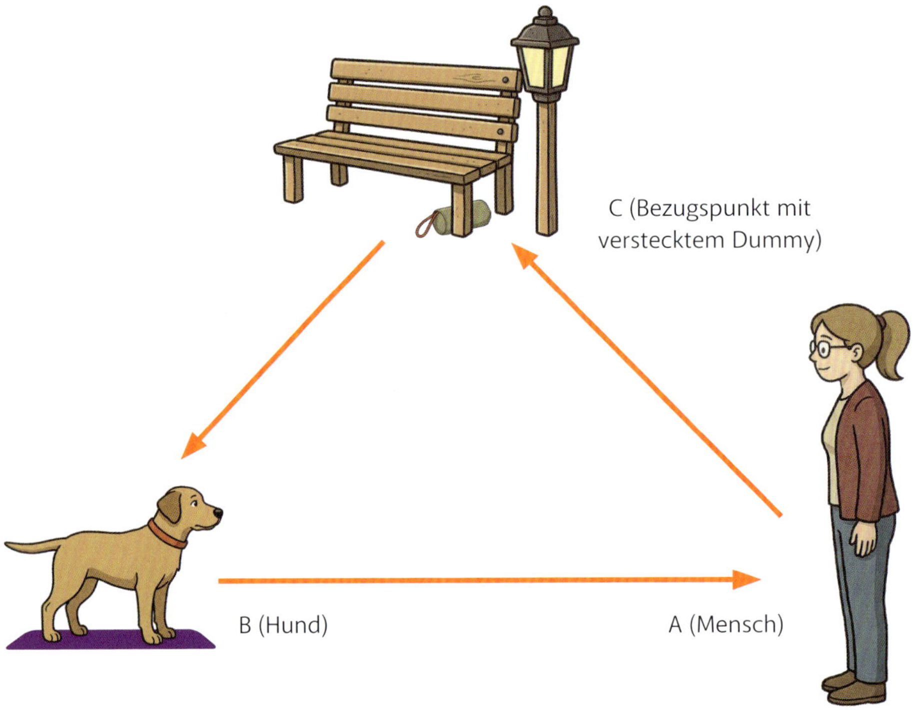

Hier wird eine kurze Handberührung mit der Nase – ein Handtouch – zum „Einchecken“ genutzt.

Während der Hund wartet, wird der Pocketdummy im Suchfeld versteckt.

Stelle dich danach gegenüber deinem Hund auf.

1. Nun rufe deinen Hund zu dir.

2. Lasse den Hund bei dir einchecken.

3. Schicke ihn zur Belohnung in die Suche.

4. Sobald er den Dummy gefunden hat, soll er diesen anzeigen oder apportieren.

Suche nach mehreren Pocketdummys (Apportierer)

Besonders für die stöberfreudigen Hundetypen ist es eine schöne Beschäftigung, mehrere Pocketdummys hintereinander aufzustöbern und zu bringen.

Was wird gebraucht?

- Begrenzter Wiesenbereich mit leicht höherem Bewuchs (ca. 4 Meter lang und 2 Meter breit)
- 2–3 Pocketdummys

Aufbau

Verstecke in deinem ausgewählten Wiesenbereich zwei bis drei Pocketdummys. Diese sollten vom Startpunkt aus nicht sichtbar versteckt werden.
Gerne kannst du auch noch weitere Geruchspools in der Wiese erstellen, indem du mit dem Dummy ein paar Mal auf verschiedene Stellen tupfst, ohne diesen dort hinzulegen. Dein Hund darf dir dabei zusehen. Schicke nun deinen Hund in die Suche. Benutze dabei dein Suchritual. Sobald er dir den ersten Dummy gebracht hat, belohne ihn und stecke den Dummy weg. Positioniere ihn neu und schicke ihn erneut, bis alle Dummys gefunden sind.

Geruchspool
Ein Geruchspool oder Scent Pool genannt ist ein Begriff aus der Nasenarbeit mit Hunden und beschreibt einen Bereich, in dem sich Geruchspartikel eines Zielgeruches – in unserem Fall des Pocket Dummys – ansammelt anstatt nur punktuell an einer einzigen Stelle zu sein. Die Geruchspartikel breiten sich quasi aus. So bekommt der Hund die Information, dass sich irgendwo in diesem Bereich sein Pocketdummy befinden muss. Er arbeitet sich dann bis zur stärksten Geruchsquelle, nämlich dort wo der Pocketdummy liegt, vor.

Pocketdummy-Schleppfährte

Hierbei soll es sich um ein Beschäftigungsangebot für alle die Hunde handeln, die Spaß daran haben, kontrolliert zusammen mit ihrem Menschen eine Fährte zu verfolgen.
Bei der Pocketdummy-Spaßschleppe wird der Dummy über den Boden gezogen, sodass eine Geruchsspur auf dem Boden entsteht. Dein Hund lernt, dieser Spur zu folgen, den Dummy zu finden, anzuzeigen oder zu dir zurückzubringen. Gerade Hunde, die gerne Spuren verfolgen, finden diese Form der Beschäftigung super. Dein Hund folgt bei dieser Pocketdummy-Fährte dem Geruch des Dummys, der Bodenverletzung und dem Individualgeruch des Menschen.

Was wird gebraucht?

- ein Pocketdummy – hierfür eignen sich die etwas größeren 150 g-Dummys am besten
- eine Schnur
- ein geeigneter Untergrund (zum Beispiel ein nicht zu trockener Wiesenboden)

Merke: *Da es sich hierbei um das Verfolgen einer Spur und keiner Suche – wie wir es bisher mit dem Pocketdummy gemacht haben – handelt, empfehle ich auch hier, ein neues Wortsignal im Aufbau einzuführen, damit dein Hund genau weiß, wie sein Arbeitsauftrag lautet.*

Vorbereitung

- Befestige an dem Dummy eine Schleppleine oder Schnur, damit du ihn besser über den Boden ziehen kannst.
- Suche dir einen ruhigen Platz ohne viel Ablenkung.
- Achte darauf, dass der Boden nicht zu trocken ist.
- Achte darauf, dass möglichst kein Wind weht, damit der Duft nicht verweht wird.
- Du kannst den Dummy auch mit zusätzlichem Geruch wie Wilddüften oder Wurstwasser versehen.

Aufbau

- Lege deinen Hund ab oder binde ihn fest, sodass er dir zusehen kann (später kannst du ihn auch außerhalb des Sichtfeldes warten lassen).
- Markiere dir einen Startpunkt.
- Von diesem Punkt ziehst du den Dummy (zu Anfang reichen ca. 10 Meter) geradeaus über die Wiese.
- Am Ende lässt du den Dummy etwas versteckt liegen.
- Bringe nun den Hund an den Startpunkt, leine ihn ab.
- Gib dein Freigabesignal (später kannst du ein eigenes Signal für die Fährte einführen).
- Lass deinen Hund selbständig der Spur folgen.
- Findet dein Hund den Dummy, belohne ihn entweder am Pocketdummy (Anzeiger) oder lass dir den Dummy bringen (Apportierer).

Wie geht es weiter?

- Steigere die Länge.
- Wechsele die Bodenbeschaffenheit (Wiese, Wald, Kies).
- Füge Bögen und später Winkel ein.
- Füge Geländeübergänge ein.
- Verlängere das Alter der Spur von ganz frisch auf 5–15 Minuten.
- Verstecke den Dummy am Ende.

> *Tipp:*
> *Achte darauf, dass du mit dem Wind arbeitest (Rückenwind) und nicht gegen den Wind!*

Ein an einer kleinen Schnur befestigter Pocketdummy lässt sich leichter über den Boden ziehen.

Rückspursuche

Ein weiteres Einsatzgebiet deines Pocketdummys bietet die Rückspursuche. Bei der Rückspursuche handelt es sich um das Verfolgen und die Suche einer Spur, nämlich eurer Rückspur. Sowohl für die anzeigenden als auch die Hunde, die den Dummy apportieren, ist diese Art der Beschäftigung geeignet. Da das Verfolgen von Spuren ein Bedürfnis unserer Hunde ist, hast du hier die Möglichkeit, gezielt ein Bedürfnis deines Hundes kontrolliert aufzugreifen. Nämlich so, dass der Weg nicht verlassen wird.

Ziel ist es, dass dein Hund so lange den eigenen Weg zurückverfolgt, bis er den gut sichtbaren Pocketdummy entdeckt. Er folgt also damit eurer geruchlichen Rückspur. Diese besteht aus deiner Duftspur (Kleidung/Schuhabrieb und Hautschuppen – natürlich auch die des Hundes – und der Verletzung des Bodens). Mit zunehmender Zeit verändert sich dann diese Duftspur und es findet eine Bodenverwitterung statt. Zudem folgt dein Hund auch seiner Erinnerung, wo ihr lang gegangen seid, und dem visuellen Reiz, sobald er den Dummy auf dem Weg liegen sieht.

Am Fundort folgt bei den Anzeigern eine tolle Belohnung, die apportierenden Hunde nehmen den Dummy auf und bringen ihn zurück, wo sie ihre Belohnung erhalten.

Was wird gebraucht?

- ein optisch gut abgegrenzter, gerader Weg
- dein Pocketdummy
- Belohnung
- ggf. Leine/Schleppleine

***Merke:** Der Pocketdummy wird dabei, egal welche Distanzen gewählt werden, immer vom Hund auf der bereits zuvor gelaufenen Spur, die man auf dem Weg hinterlassen hat, gefunden. Er soll hier nicht in die Suche gehen, sondern lediglich seiner Spur zurückfolgen, bis er fündig wird! Aus diesem Grund ist für diese Art der Beschäftigung mit dem Pocketdummy ein neues Wortsignal notwendig, da dein Hund hier deiner Spur folgen anstatt großräumig suchen soll.*

Aufbau

Schritt 1 – Wir möchten, dass der Hund lernt, zum verlorenen Schatz zu laufen.
Du läufst ein kleines Stück mit deinem angeleinten Hund auf einem geraden und räumlich gut abgegrenzten Weg. Unterwegs holst du den Pocketdummy heraus und wirfst ihn aus dem Stehen ein Stück nach hinten auf die Spur, die du vorher gelaufen bist. Der Hund sieht, dass der Dummy nach hinten geworfen wird, wird aber durch die Leine gehindert, hinterherzulaufen. Nun richtest du dich zum Pocketdummy aus und lässt den Hund sofort mit einer einladenden Geste zum Pocketdummy laufen.

Anzeiger: Sobald der Hund am Dummy ist, wird gemarkert und direkt am Dummy auf dem Boden belohnt.

Apportierer: Es geht erstmal nur um den Weg – die Rückspur, also das Erreichen der Beute. Somit kann auch erstmal beim Pocketdummy belohnt werden, wenn der Hund diesen nicht automatisch zurückbringt. Bringt der Hund den Pocketdummy schon freiwillig, wird dies bei dir belohnt. Setze das Bringen während des Aufbaus noch nicht voraus.

Oben links : Der Dummy wird auf deiner Laufspur ausgelegt.
Unten links: Nun wir der Hund auf dein Signal hin auf die Rückspur geschickt.
Rechts : Apport des gefunden Dummys

Schritt 2 – Mehr Tempo und größere Distanz zum Dummy

Hierbei wird der Pocketdummy herausgeholt und während des Laufens ein Stück nach hinten auf den Weg geworfen. Dein Hund bekommt mit, dass der Dummy geworfen wird, du gehst nun aber ein Stück weiter vom liegenden Dummy weg. Nach etwa zehn Metern bleibst du mit deinem Hund stehen und schickst ihn sofort mit Hilfe einer einladenden Geste zum Dummy.

Die Belohnung erfolgt wie in Schritt 1 beschrieben. Wiederhole diesen Schritt zwei- bis dreimal.

Tipp:

Seid ihr schon Profis in der Rückspursuche, lasst doch euren Hund mal eine frische Rückspur und eine, die ihr vor 20 Minuten gelaufen seid, suchen. Beobachtet die Unterschiede im Suchverhalten!

Schritt 3 – Unbemerktes Fallenlassen des Dummys

Lasse den Pocketdummy unbemerkt fallen, dabei kannst du auch deinen Hund mit einem Leckerli ablenken. Achte darauf, dass du die Strecke wieder auf ca. 5 Schritte verkürzt und dass der Dummy nach dem Fallenlassen aus der Entfernung noch sichtbar ist. Spreche deinen neben oder vor dir laufenden Hund an. Sobald er sich zu dir umorientiert, drehe dich in Richtung des verlorenen Pocketdummys und schicke deinen Hund wieder mit Hilfe der einladenden Geste zum Dummy.

Schritt 4 – Variable Distanz zum Dummy

Wie in Schritt 3, allerdings wird jetzt die Distanz zum verlorenen Dummy gesteigert, sodass dein Hund ihn erst sieht, wenn er ein paar Schritte zurückgelaufen ist. Steigere die Entfernung zum verlorenen Dummy nicht linear, sondern wechsle zwischen kürzeren und längeren Distanzen ab.

Schritt 5 – Signaleinführung

Wenn dem Hund klar ist, dass er zum Dummy kommt, wenn er in einer einigermaßen geraden Linie auf der Rückspur zurückläuft, auch dann, wenn er den Dummy nicht sieht, kann ein Signal eingeführt werden. Der Dummy wird wieder nicht sichtbar für den Hund auf dem Weg verloren. Nun schickst du deinen Hund wieder zurück, bevor er startet, sagst du dein neues Signal „Rückspur" oder „Such Verloren". Achte auf die Reihenfolge: erst Signal – dann einladende Geste zum Pocketdummy.

Lasse den Pocketdummy immer unmerklicher auf deinem Laufweg fallen.

Schritt 6 – Körpersprache wird abgebaut

Das Körpersignal wird Schritt für Schritt reduziert, sodass das Wortsignal ausreichend ist.

Wie geht es weiter?

- Nutze neue Wege oder beginne, Kurven einzubauen.
- Trainiere auf unterschiedlichen Böden.
- Verlängere die Distanzen.

Pocketdummy-Suche mit Duftstoffen

Findet dein Hund den Dummy nicht wirklich interessant, besteht die Möglichkeit, den Pocketdummy mit Duftstoffen zu versehen, zu verstecken und suchen zu lassen. Dies macht ihn für manche Hunde interessanter.

Was wird gebraucht?

Hier kannst du zum einen Würstchenwasser nehmen, eine andere Möglichkeit bieten auch synthetische Wilddüfte wie zum Beispiel von Fasan, Kaninchen oder Reh, die es zum Tropfen oder als Spray zu kaufen gibt. Hier gilt es als Erstes einmal auszuprobieren, welche Gerüche dein Hund favorisiert. Viele Hunde finden die Wildgerüche auch gar nicht so toll und rümpfen förmlich die Nase, geschweige denn nehmen sie diesen Dummy noch ins Maul, wohingegen sie den Geruch nach Wurst lieben.
Prüfe deshalb als Erstes, ob dein Hund den Geruch positiv wahrnimmt, Interesse zeigt und diesen nicht meidet.

Ziel

Gehört dein Hund zu den Apportierern, soll er den Dummy mit Geruch finden und bringen. Gehört dein Hund zu den Anzeigern, soll er den Dummy mit Geruch finden und anzeigen. Im Folgenden findest du den Ablauf einer Pocketdummy-Suche mit Duftstoffen erklärt:

Vorbereitung

Würstchenwasser: Nimm das Wasser, in dem Würstchen im Glas lagen. Hier solltest du sparsam sein und das Würstchenwasser mit klarem Wasser verdünnen. Ein Mischungsverhältnis von 1:3 bis 1:5 (1 Teil Würstchenwasser, 3–5 Teile Wasser) ist zu empfehlen. Fülle die Mischung in eine Sprühflasche und sprühe deinen Dummy damit an einer Stelle ein.

Wilddüfte: Nutze diese Duftöle wirklich sparsam. Am besten träufelst du ein bis zwei Tropfen des Duftes auf ein Wattestäbchen und trägst mit diesem den Duft auf eine Stelle des Pocketdummys auf. Alternativ träufle ein bis zwei Tropfen in eine Sprühflasche mit Wasser und sprühe den Pocketdummy damit ein. Du solltest den Duft nur leicht wahrnehmen können.

Aufbau

- Zeige deinem Hund den Pocketdummy mit Duft
- Mache diesen interessant
- *Anzeiger*: Erarbeite dir mit dem Pocketdummy mit Geruch noch einmal das Verhalten, die Nase an den Dummy zu halten und dann vor Ort stehen zu bleiben
- *Apportierer*: Lasse den Dummy mit Geruch dir noch einmal in die Hand apportieren, damit dein Hund lernt, auch dieses Verhalten am „anders" riechenden Dummy zu zeigen
- Setze deinen Hund nun ab
- Wirf oder lege den Dummy in leicht bewachsenes Gelände (außer Sicht)
- Lasse deinen Hund den Pocketdummy nach ganz kurzem Warten suchen
- Baue immer mehr Wartezeit ein
- Vergrößere das Suchgebiet

Tipp:

Lagere den Pocketdummy nach Verwendung in einer separaten Tüte/Box, damit der Geruch sich nicht zu schnell verflüchtigt.

Suche unter Ablenkung

Wenn du mal etwas ganz Neues ausprobieren willst, versuch es doch mal mit einer Suche unter Ablenkung. In diesem Fall bieten Spielzeuge deines Hundes die Ablenkung. Ziel soll es sein, dass dein Hund gezielt den Pocketdummy, welcher versteckt zwischen verschiedenen Spielzeugen liegt, sucht, anzeigt oder apportiert. Auch hier mache den Pocketdummy vorher noch einmal kurz interessant und lass diesen kurz in der Hand mit der Nase anzeigen oder apportieren.

Schritt 1 – Erste Ablenkung

- Lege den Pocketdummy auf den Boden und daneben ein uninteressantes Spielzeug (z. B. ein Stofftier ohne Belohnungshistorie).
- Markiere und belohne jedes Mal, wenn der Hund den Pocketdummy wählt.

Wichtig: Das falsche Spielzeug nicht korrigieren, sondern einfach ignorieren.

Schritt 2 – Steigere die Ablenkung

- Lege nun mehrere Spielzeuge (2–3) plus Pocketdummy aus.
- Variiere die Position des Dummys
- Verstecke erst sichtbar, später halbabgedeckt

Wichtig: Belohne nur die Wahl des Pocketdummys.

Schritt 3 – Verdeckte Suche

- Verstecke den Pocketdummy unter oder zwischen Spielzeugen
- Lass deinen Hund suchen, anzeigen oder apportieren
- Starte mit leichten Verstecken (Pocketdummy nur teilweise bedeckt)

Wichtig: Belohne sofort, wenn der Hund den Dummy findet.

Schritt 4 – Schwierigkeiten erhöhen

- Pocketdummy in einer Kiste voller Spielzeuge verstecken
- Pocketdummy mit Spielzeugen abdecken
- Verstecke den Pocketdummy später auch unter Alltagsgegenständen (Handtuch, Decke)

Was ist wichtiger?
Spielzeug oder Pocketdummy?

Fliegender Pocketdummy

Diese Übung ähnelt einem Bereich aus dem Dummytraining, welcher als Markierungen bezeichnet wird. Markierungen wurden ursprünglich als Ersatz und Vorbereitungstraining für die Jagd entwickelt und sind heute ein fester Bestandteil im Dummysport. Die Hunde müssen sich bei einer Markierung merken, wo die Ente nach dem Schuss gefallen ist, im Anschluss die Fallstelle aufsuchen und die Ente anzeigen oder apportieren. Da man im Training ohne echtes Wild üben wollte, wurden Dummys als Ersatz eingesetzt.

Bei einer Markierung beobachtet der Hund genau, wo der Dummy nach dem Wurf „markiert" zu Boden fällt. Er speichert sich diesen Ort im Gedächtnis ab. Anders als in einer Suche soll der Hund den Dummy dann zielgerichtet ansteuern.

Auch mit Pocketdummys kannst du diese Übung in einem kleinen Rahmen nachahmen. Hier wird auf einer viel kürzeren Distanz gearbeitet, sodass gewährleistet ist, dass dein Hund den Wurf des Dummys gut sieht.

Kleine Markierungen mit dem Pocketdummy lassen sich super in deinen Alltag einbauen. Du kannst auf deinem Spaziergang den Dummy in ein Waldstück oder in ein Wiesenstück werfen.

Diese Übung ist sehr wertvoll, da sie:

- Ruhe und Impulskontrolle beim Hund trainiert –> Selbstbeherrschung
- Kopfarbeit und Konzentration fördert, um sich die Fallstelle einzuprägen
- Den Jagdinstinkt sinnvoll kanalisiert anstatt unerwünschtes Hinterherjagen zu fördern
- Bindung und Teamarbeit durch die Zusammenarbeit stärkt

Tipp:

Sollte dein Hund zu den Anzeigern gehören, mache diese Übung nur, wenn dein Hund schon sicher einen freiliegenden Dummy anzeigen kann. Bedenke, dass die Erregung deines Hundes bei dieser Übung recht hoch sein kann und er unter Umständen vielleicht hier eher dazu neigt, den Dummy zu verschleppen.

***Merke:** Denke immer daran, dass diese Übungen viel Impulskontrolle verbrauchen und diese endlich ist! Arbeite so, dass dein Hund die Übung mit Erfolg beendet und nicht irgendwann einzuspringen beginnt, d. h. ohne Aufforderung seine Startposition verlässt und zum Dummy läuft. Achte auf seine Kapazitäten!*

Übung 1 – Grundlagen

Ziel soll es sein, dass dein Hund lernt, sich die Fallstelle zu merken.

- Wirf den Pocketdummy zwei bis drei Meter weit
- Schicke deinen Hund sofort nach und mit dem Wortsignal fürs Apportieren zum Dummy

Übung 2 – Markierung und kurze Wartezeit

Ziel soll es sein, dem Impuls zu widerstehen, gleich hinterherzurennen

- Wirf den Pocketdummy sichtbar
- Lasse deinen Hund noch 3–5 Sekunden sitzen (Bleib), wenn der Dummy gelandet ist
- Schicke deinen Hund erst dann mit dem Wortsignal fürs Apportieren zum Dummy

Übung 3 – Distanz steigern

Ziel soll es sein, dass dein Hund sich die Fallstelle des Dummys auch auf größere Distanz merkt.

- Wirf den Pocketdummy 5–7 Meter weit (immer noch sichtbar)

Merke: *Die meisten Hunde lieben Markierungen. Allerdings ist diese Übung auch immer mit einiger Erregung verbunden. Achte beim Aufbau darauf, dass dein Hund kleinschrittig lernt, beim Wurf sitzen zu bleiben. Belohne das Sitzenbleiben auch immer mal, und schicke erst dann.*

Übung 4 – Geländewechsel

Ziel soll es sein, dass dein Hund lernt, sich die Fallstelle auch im anderen Gelände zu merken

- Nutze Wald, Waldrand und Wiesen
- Wirf den Pocketdummy in höheres Gras
- Wirf den Pocketdummy neben einen Baum oder Busch

Übung 5 – Doppelmarkierungen

Ziel soll es sein, dass dein Hund sich zwei Fallstellen merkt

- Wirf einen Pocketdummy nach links
- Wirf einen Pocketdummy nach rechts
- Schicke deinen Hund zuerst zum zuletzt geworfenen Pocketdummy
- Später kannst du die Reihenfolge wechseln

Übung 6 – Lasse den Dummy werfen

- Hier brauchst du einen Trainingspartner, der sich in 10–20 Metern Entfernung aufstellt. Bitte diesen nun, den Dummy mit einem interessanten Geräusch zu werfen.
- Schicke deinen Hund

KAPITEL 5
Was noch hilfreich ist

Umgang mit „Fehlern"

Eigentlich ist das Wort Fehler hier falsch gewählt, denn dein Hund macht ja in diesem Sinne nichts falsch. Wenn eine Übung oder Aufgabe nicht klappt, ist dies erstmal eine Information an dich, dass dein Hund die Aufgabe noch nicht verstanden hat oder ein Trainingsschritt einfach zu schwer war. Dein Hund gibt dir also ein Feedback. Nun kannst du dein Training so gestalten, dass es verständlicher für deinen Hund wird. Richtig genutzt machen Fehler dein Training effizienter und fairer.

Im Folgenden findest du Möglichkeiten, wie du kleinschrittiger oder auch anders die jeweiligen Übungen gestalten kannst, sollte etwas mal nicht so klappen wie geplant.

Was mache ich, wenn …?

… mein Hund nicht auf das Markersignal reagiert?

Grundsätzlich gilt erst einmal, dass das Markersignal / Lobwort keine Handlungsaufforderung ist. Es kann sein, dass die Verknüpfung Marker-Belohnung noch nicht geschaffen ist – gehe noch einmal einen Schritt zurück, und verknüpfe das Markerwort mehrmals hintereinander mit einer Belohnung. Prüfe dabei die Wertigkeit der eingesetzten Belohnung. Je besser die gewählte Belohnung empfunden wird, umso schneller findet eine Verknüpfung statt. Halte dabei die Reihenfolge der einzelnen Schritte ein: erst das Markerwort sagen, dann in die Tasche greifen und dann belohnen, damit es keine Überschattung des Wortes gibt.

… mein Hund wenig Interesse am Dummy zeigt?

Überprüfe die Ablenkung, und versuche an einem anderen ruhigen Ort das Interesse deines Hundes zu wecken. Nutze dabei die verschiedenen Möglichkeiten. Sollte dies alles nicht helfen, füttere deinen Hund direkt, wenn der Dummy zum Vorschein kommt, am Dummy. Sobald das Futter weg ist, wird der Dummy wieder weggepackt. Mache dies über drei Tage mehrmals täglich zu Hause.

… mein Hund den Dummy nur anstupst und sein Maul nicht öffnet?

Vielleicht hast du zu lange am Trainingsschritt „Angucken und Anstupsen" gearbeitet. Versuche nun, dieses Verhalten nicht noch weiter zu belohnen. Reiche deinem Hund den Pocketdummy erneut und warte ein paar Sekunden, ob er ausprobiert, welches Verhalten vielleicht noch zu einer Belohnung führt. Sobald er leicht den Fang öffnet, lobe und belohne dieses neue Verhalten sofort.

... mein Hund den Dummy fallen lässt?

- Übe zunächst erstmal wieder das ruhige Aufnehmen und Halten ohne Bewegung, und verlängere nur schrittweise die Dauer
- Erst wenn dies sicher klappt, füge die Bewegung auf kurzen Strecken hinzu und erst dann das Holen
- Überprüfe auch hier immer den Grad der Ablenkungen
- Achte darauf, dass du erst die Belohnung herausholst, wenn du den Pocketdummy sicher in deiner Hand hast
- Belohne niemals das Fallenlassen des Pocketdummys
- Achte bei der Abgabe auf deine Körpersprache und beuge dich nicht über deinen Hund
- Lässt dein Hund den Dummy unterwegs fallen, bitte ihn, diesen wieder erneut aufzunehmen und dir in die Hand zu geben

... mein Hund statt des Anzeigeverhaltens den Dummy ins Maul nimmt?

Stecke den Pocketdummy gerade am Anfang gut fest, sodass dein Hund ihn nicht aufnehmen und verschleppen kann.

... mein Hund nicht auf das Freigabesignal „OK" zum Bezugspunkt oder Suchfeld läuft?

Betone dein Freigabesignal körpersprachlich, indem du eine einladende Handbewegung zum Suchgegenstand machst und ein paar Schritte in die gleiche Richtung mitläufst.

... mein Hund frühzeitig selbstständig das Signal „Bleib" auflöst, wenn ich den Pocketdummy verstecke?

- Überprüfe, ob du die Kriterien zu schnell gesteigert hast, und verringere Dauer und/oder Distanz
- Überprüfe die Umgebung und wähle eine reizärmere Stelle für deine Suche aus
- Täusche vorsichtiger an und mache das Auslegen weniger spannend für deinen Hund

... mein Hund während des Auslegens wegschaut und das Interesse verliert?

- Mache den Dummy interessanter
- Verkürze die Zeit des Auslegens und halte den Spannungsbogen hoch

... mein Hund zwar losläuft, aber an einer anderen Stelle anfängt zu suchen?

- Gestalte den Bezugspunkt so, dass er besser von deinem Hund wahrgenommen wird

- Stelle dich näher an das Suchfeld heran, sodass dein Hund den Bezugspunkt besser wahrnehmen kann
- Mache eine kleine Pause und gestalte die nächste Trainingseinheit einfacher

... mein Hund nach dem Auslegen/Verstecken kein Suchverhalten zeigt?

Gehe noch einmal einen Trainingsschritt zurück. Mache den Dummy interessant und gestalte das Auslegen und Antäuschen kürzer. Versuche wieder näher am Bezugspunkt zu stehen. Dein Hund sollte unbedingt zum Pocketdummy wollen und dich beim Auslegen nicht aus den Augen lassen. Reduziere die Sichtbarkeit am Bezugspunkt nur langsam. Unterstütze und motiviere deinen Hund stimmlich, sobald er sichtbar anfängt zu suchen.

... mein Hund die Suchen abbricht?

- Gestalte die Suchaufgabe wieder leichter
- Täusche vermehrt an
- Wähle deutlichere Bezugspunkte/leichtere Suchfelder
- Mache eine kleine Pause und gestalte die nächste Trainingseinheit einfacher

... mein Hund nach dem Aufnehmen den Dummy verschleppt und nicht zurückbringt?

- Verkürze die Abstände zum Suchfeld
- Trainiere das Aufnehmen, Bringen und die Abgabe noch einmal unabhängig vom Suchen
- Sichere deinen Hund mit einer Leine ab
- Überprüfe die Art der Belohnung – es sollte sich mehr lohnen für den Hund, den Dummy wiederzubringen, als ihn zu behalten

... mein Hund nach dem Suchen und Finden zu kurz am Suchgegenstand bleibt? (Anzeige)

- Übe noch einmal die Dauer des Anzeigeverhaltens in der Hand und am Boden separat.
- Verringere den Abstand zum Suchfeld oder Bezugspunkt.

... mein Hund die Suche plötzlich abbricht oder den Dummy nicht findet?

- Mache eine Pause.
- Gestalte die Aufgabe wieder leichter.
- Reduziere die Ablenkungen.
- Mache den Dummy noch einmal interessant.
- Überdenke die Belohnung.

Schlusswort

Jetzt hast du das wichtigste Handwerkszeug, um mit deinem Hund erfolgreich in die Pocketdummy-Arbeit zu starten! Ich hoffe, ihr habt viel Spaß dabei.
Halte stets die Schritte klein und gehe einen oder mehrere Schritte zurück, wenn etwas mal nicht klappt, und vor allem: Setze dich und deinen Hund nicht unter Druck. Es dauert einfach seine Zeit, den Apport oder auch ein sicheres Anzeigeverhalten aufzubauen. Gibst du euch diese Zeit und achtest dabei auf die Bedürfnisse deines Hundes, wird das Ergebnis umso besser und nachhaltiger.

Ich wünsche euch viel Spaß beim Suchen der kleinen Dummys!

Über die Autorin

Caroline Starke lebt mit ihrem Lebensgefährten, ihrer Tochter, ihren beiden Hunden sowie vielen Hühnern in einem kleineren Ort in der Wetterau.
Neben der eigenen Hundeschule arbeitet sie in der Schädlingsbekämpfungsfirma ihres Mannes aktiv mit ihren Spürhunden mit, welche auf Bettwanzen konditioniert sind. Ihre Leidenschaft war schon immer die Nasenarbeit, sowohl beim Dummytraining als auch in der Spürhundearbeit.
Mit diesem Buch hat sie sich ihr Herzensprojekt erfüllt, damit in Zukunft möglichst noch mehr Hund-Mensch Teams die Möglichkeit haben, das Dummytraining und die Objektsuche an den kleinen Pocketdummys auszuprobieren, lieben zu lernen und vielleicht Lust auf noch mehr zu bekommen.

Danke

Danke an Maya und Shanti, die besten Hunde der Welt, die so wahnsinnig unterschiedlich sind in ihren Bedürfnissen, aber trotzdem so super miteinander harmonieren und von denen ich jeden Tag eine Menge lernen darf.
An meinen Schatz Robert, der mich beim Schreiben des Buches und auch bei den Vorbereitungen immer unterstützt hat.
An Melanie Mauro von www.calispictures.com und auch Vanessa für die super tollen Fotos, an alle tollen Hund-Mensch-Teams, die mitgeholfen haben – Claudi und Axel mit Ben und Sterling, Tanja mit Molly, Susanne mit Emma und Tanja mit Leni – danke für eure Geduld beim „Modeln“ und für eure Ideen.

Michaela Hares & Jacqueline Koerfer & Katja Krauß

Suchen Finden Zeigen

Das Spürhundebuch für Training und Einsatz

Nasenarbeit für Hunde ist in aller Munde: Die Faszination dessen, was die Hundenase alles leisten kann, wächst ständig und immer neue Anwendungsmöglichkeiten in der Praxis werden erkannt. In den letzten Jahren hat eine erhebliche Professionalisierung der Spürhundearbeit sowohl durch neue wissenschaftliche Forschungsarbeiten als auch durch verbessertes Training stattgefunden.

Drei der besten und langjährigsten Spürhundetrainerinnen aus dem deutschsprachigen Raum haben nun ihr geballtes Wissen in einem Buch zusammengetragen, um die Grundlagen, die Methodik, den schrittweisen Aufbau für den gewählten Zielgeruch und die Evaluation der Einsatzfähigkeit ausführlich für alle Interessierten zugänglich zu machen.

Hardcover, 352 S., farbig
ISBN 978-3-95464-324-0

Paul Bunker

Arbeitsbuch Spürhund

Ein 15-Tage-Programm zur Geruchsprägung

Sie möchten Ihrem Hund beibringen, einen bestimmten Geruch aufzuspüren und anzuzeigen? Aber Sie wissen nicht so recht, wie Sie mit dem Training beginnen können und ob der Start in die Spürhundearbeit nicht viel zu kompliziert ist?

In diesem Arbeitsbuch finden Sie detaillierte Trainingspläne, mit denen Sie in systematischen Schritten durch die Geruchsprägung geführt werden. Das Training beruht dabei ausschließlich auf positiver Verstärkung. In nur 15 Tagen können Sie die Schritte mit Ihrem Hund erarbeiten und eine verlässliche Anzeige des Zielgeruchs erreichen. Ursprünglich vom Autor zur effizienteren Ausbildung von Sprengstoff- und Minenspürhunden für das US-Militär entwickelt, steht dieser tausendfach praxisbewährte Trainingsplan nun auch für Ihr Training zur Verfügung!

Flexicover, 160 S., farbig
ISBN 978-3-95464-297-7

Eva Pretscher

Doggy Challenges – Das Aufreißbuch

Clevere Trainingsaufgaben für deinen Hund und dich

Broschur, 88 S., farbig
ISBN 978-3-95464-331-8

Hast du Lust auf neue Herausforderungen mit deinem Hund, aber dir fehlen die kreativen Ideen?

Hier kommen spannende Challenges, die Spaß machen und euch gleichzeitig in eurem Training weiterbringen. Du wirst staunen, was du und dein Hund alles Schlaues und Nützliches mit zum Beispiel ein paar Socken oder Decken anstellen könnt…

Reiße die Seiten auf und entdecke so jede Woche neue, spannende Trainingsaufgaben! Für jede Challenge, die ihr gemeinsam geschafft habt, darfst du euch Sternen-Sticker vergeben. Nicht nur dein Hund, auch du musst ein paar Rätsel lösen. Und am Ende wartet eine Überraschung auf euch…

Susanne Huber

Next Stars

Mit den richtigen Grundlagen in den Hundesport

Der Hund braucht Bewegung, der Mensch braucht Sport. Was liegt also näher, als endlich mit Hundesport anzufangen? Doch Vorsicht vor falschen Erwartungen: Ab morgen kann der Hund noch längst nicht alles, was Internet-Filmchen so an Gimmicks bieten – vom Border Collie, der die Espresso-Maschine anwirft bis zum fünf Monate alten Pudel, der mit seinem Menschen im Dreiviertel-Takt übers Parkett wirbelt. Ist doch jeder Hund ein Individuum und jeder hat seine eigene Geschichte und seine eigene Lerngeschwindigkeit. So muss das künftige Sportteam erst einmal eine Verständigungsbasis finden – und genau für diese Grundlagen bietet dieses Buch Hilfestellung.

Es ist egal, wann Sie mit dem Training beginnen: Hauptsache ist, Sie fangen damit an!

Hardcover, 232 S., farbig
ISBN 978-3-95464-295-3